上海交通大学海洋工程国家重点实验室
2011 高新船舶与深海开发装备协同创新中心
上海市船舶与海洋工程学会　　组编
国家深海技术试验大型科学仪器中心
上海市海洋工程科普基地

船舶与海洋开发装备科技丛书（科普本）

怎样寻找海洋石油与天然气宝藏

——探索海洋开发装备的问答题

编著　廖佳佳　张太佶
编审　王　磊　梁启康

海洋出版社
2017 年 · 北京

图书在版编目（CIP）数据

怎样寻找海洋石油与天然气宝藏 / 廖佳佳，张太佶编著 .— 北京 : 海洋出版社，2017.12
ISBN 978-7-5027-9973-1

Ⅰ . ①怎…　Ⅱ . ①廖… ②张…　Ⅲ . ①海底石油 – 海洋开发 – 青少年读物②海底矿床—天然气—海洋开发—青少年读物　Ⅳ . ① P744.4-49

中国版本图书馆 CIP 数据核字 (2017) 第 306103 号

责任编辑：阎　安
责任印制：赵麟苏
海洋出版社 出版发行
http://www.oceanpress.com.cn
北京市海淀区大慧寺路 8 号　邮编：100081
北京朝阳印刷厂有限责任公司印刷　新华书店北京发行所经销
2017 年 12 月第 1 版　2017 年 12 月第 1 次印刷
开本：787 mm×1092 mm　1/16　　印张：7.25
字数：120 千字　　定价：38.00 元
发行部：62132549　邮购部：68038093　总编室：62114335

《船舶与海洋开发装备科技丛书》编委会

序

21世纪是海洋开发的新世纪。在当今的世界和中国，人们关注海洋有特殊的意义。海洋的面积占地球总面积的71%，它蕴藏着大量的石油、天然气、可燃冰以及锰结核等丰富的资源，是人类未来开发的宝藏，也是国际上资源争夺的焦点。为了捍卫海洋权益，开发海洋，建设海洋强国，我们必须关心海洋，认识海洋，经略海洋，推动我国海洋强国建设不断取得新成就。

2015年，党的十八届五中全会上通过并发布《中共中央关于制定国民经济和社会发展第十三个五年规划的建议》中指出，坚持创新发展，着力提高发展质量和效益。其中强调构建产业新体系。加快建设制造强国，实施《中国制造2025》。引导制造业朝着分工细化，协作紧密方向发展，促进信息技术向市场、设计、生产等环节渗透，推动生产方式向柔性、智能、精细转变。支持战略性新兴产业发展，发挥产业政策导向和促进竞争功能，更好发挥国家产业投资引导基金作用，培育一批战略性产业。在国民经济和社会发展第十三个五年规划建议中，“海洋工程装备和高技术船舶”被列为我国重点促进的十大产业发展之一。由此可见，作为船舶与海洋工程装备的科技人员义不容辞地要担负这一重任。在“大众创业，万众创新”的战略推动下，积极投身这一伟大事业。

结合当前国内外海洋资源开发利用的情况，以及船舶、海洋工程装备市场和发展趋势，国内河道疏浚、水利整治和岛屿建设的形势，我们秉承面向广大读者普及海洋工程装备和高技术船舶知识的宗旨，以实际行动组织业界资深专家和学者编写有关海洋工程装备和高技术船舶的系列科技丛书，以此回馈社会，为提高大众科技素质尽微薄之力，也以此为培养青少年向往海洋工程装备和高技术船舶事业做的有益尝试。

除了已经出版的《美国核动力攻击型潜艇》《认识海洋开发装备和工程船》《印象国内外疏浚装备》和即将出版的《海洋石油钻井与升沉补偿装置》等科技丛书之外，另外还组织有关专家编写面向非本行业，特别是青少年读者的科普本读物，以大众媒体的新闻为线索，用图文并茂，图说为主的形式，向读者普及船舶和海洋开发装备的知识。这本《怎样寻找海洋石油与天然气宝藏》就是我们科普本的第一次尝试。作者试图以通俗易懂的语言和《十万个为什么》式的一问一答方式，向广大读者介绍国内外海洋油气开发装备的用途、问世缘由和发展简况，特别介绍我国自力更生与引进借鉴相结合地发展海洋油气装备艰难却富有成效的过程和成果。

因此，这些作品对刚刚从事海洋工程装备和高技术船舶专业的科技工作者、管理人员以及广大青少年，是一本结构紧凑，内容丰富，具有较强可读性和趣味性的科技读物。同时它又可以作为从事海洋工程装备和高技术船舶专业科技工作者和管理人员继续教育的参考教材。

我们期待该系列科技丛书的出版，能为培育海洋工程装备和高技术船舶创新人才提供一些帮助，为提升海洋工程装备和高技术船舶创新添一把力。值此机会，我们向为了出版该系列丛书的作者们、提供各方面支持的单位和个人，表示衷心的感谢。

梁启康

2016 年 11 月

目录

前 言

2015年起，大众媒体上出现一则重要的新闻报道——《我国深水半潜式钻井平台“海洋石油981”号建成投产》，配发刊出的照片是一座虽不像船，却屹立于海上的庞然大物，很雄伟。报道内容介绍到，这是世界上最先进的、用于海洋石油天然气开发的重要装备。

能在3000m水深的海底钻井开采石油天然气资源的装备，多了不起！

与看热闹的人们不同，喜欢追根寻源的群体，特别是好学的青少年，不免要提出许多问题——海上怎样进行开采石油？为什么要钻井？钻什么样的井？为什么叫“半潜式”平台？半潜式平台在海上会不会动？还有什么样的其他油气开发装备？诸如此类大量有关海洋石油与天然气开采的“什么”“怎么”“为什么”。

过了一段时间，“海洋石油981”到南海去钻井，又受到周边他国的无端干扰与阻挠，在众多媒体的积极报道下，这座半潜式钻井平台更成为舆论热议的焦点，进而引发了大家对海洋石油与天然气资源开发的关心与好奇，由此，海洋开发装备也成了热门话题。纸媒、网络、电视等媒体上，各种类型、专业、层次的相关介绍多起来，一时间热闹非凡！

然而，海洋石油与天然气开发及其所需的装备毕竟过于复杂，牵涉面也实在太多，有不少技术问题深奥难懂，而媒体上的介绍往往呈现出碎片化现象，关注者需要一个主题一个主题地费力搜索，并且这些碎片化内容的技术诠释准确程度也参差不齐。

作为从事船舶和海洋开发装备的工程技术人员，我们非常愿意将自己多年来参加研究、建造过的那些为海洋石油与天然气开采服务的船舶和装备，以及它们的式样、原理、如何解决技术难题的方方面面所见所闻，以非专业的文字、“十万个为什么”的一问一答形式，奉献给大家。希望对海洋开发的科普工作，起到些添砖加瓦的作用。

海洋石油与天然气开采这个话题牵涉到的知识面广，要用到的学科教材内容也比较多，所以作为科普本，这本小册子主要针对的是中学生为主的读者群，为他们收集整理一些课外的兴趣阅读材料。

石油天然气是一种能源，更是较为常见、具有战略意义的物资。海洋油气开发的重要意义正源于此。那么，就让我们从简单认识能源开始聊起吧！

1　开发石油、天然气的重要意义在哪里?

大家知道，人类及生物生存的必要条件是：空气（氧气）、水和阳光。当然还要有食物（养料或养分）。而阳光就是我们现在正在使用的绝大部分能源的总来源。

图 1–1　太阳、水、空气

能源的用途是：获取熟食的燃料；取暖的燃料；克服阻力做功的动力源。

人类利用能源的历史可以分为三个阶段，即

➢ 柴草时期。这一漫长时期的能源其实只是燃料，做功的动力则为人力、兽力和单个设备的水力和风力。

➢ 化石能源时期。从工业革命开始，燃料和动力才成为有机结合，并被统称为能源的特殊物资。化石能源又称为矿物能源，是现代人类社会赖以生存的重要物质基础。

图 1–2　能量的种类

➢ 多能源结构时期。目前，全球仍主要处于化石能源时期。煤、石油、天然气是最主要的化石能源，但核能等新型能源已开始被利用，能源结构正走向多元化。

图 1–3　化石能源成为社会主要能源

2 什么是能源，其本质是什么？

究竟什么是“能源”呢？关于能源的定义，有多种的说法。简单地说，能源是自然界中能为人类提供某种形式能量的物质资源。一般而言，凡是能被人类加以利用以获得有用能量的各种来源都可以称为能源。能源亦称能量资源或能源资源。换言之，能源是可产生各种能量（如热量、电能、光能和机械能等）或可以做功的物质的统称。从来源上看，能源是能够直接取得或者通过加工、转换而取得有用能的各种资源，包括煤炭、原油、天然气、煤层气、水能、核能、风能、太阳能、地热能、生物质能等一次能源和电力、热力、成品油等二次能源，以及其他新能源和可再生能源。按此定义，一次能源是大自然对某一国家或地区的馈赠；二次能源则是这个国家或地区的国力和技术的结晶。

图 2-1　身边常见的能源

3 人类早期是怎样认识能源和利用能源的?

图 3-1 牛耕田

人类利用能源大概是从燃烧柴草开始的。柴草时期是一个漫长的时期，从人类发现并使用火开始直到18世纪工业革命。人发现火应该是雷击中树木着火或高温时森林树、草自燃现象。有某些伟大的史前科学家，如我国传说的燧人氏、祝融和欧洲传说的普罗米修斯等，看到了火，并用木头、枯草留下火种，把食物烤（煮）成了熟食。人类以前只能从野火烧过的树林中偶然捡到熟食，有了火则可以稳定地吃到熟食。不但味美，也除去了细菌和其他毒素，有利于消化和提供优质的养分。古人类能吃熟食使其体质和大脑得到极大的发展，最终形成了现代的人类。

图 3-2 驴拉磨

这个时期还没有能源的说法，人们只是了解木头（后来优化使用不能作为建筑材料的枝丫并命名为柴）、干草及其二次产品，如牛粪。后来发现的煤、石油天然气等可以燃烧，产生热量，能够煮熟食物和取暖，成为生活的必需品。但工业革命前的煤和石油都是露出地表的作坊式小规模开采的燃料，绝大部分的燃料是柴草。

但是人们还有很多活动需要用力气，如耕田、碾米磨面、搬运以及远行等，就是说要有动力。当时只能是人力、兽力和单个设备的水力和风力。

图 3-3 荷兰风车

图 3-4 水力磨坊

图 3-5 马与马车

4　能源有哪些、人类目前利用到什么水平了？

在工业革命前，人类对能源的认识只是燃料，能烧的东西。

英国科学家瓦特受到烧开的水产生蒸汽掀动了壶盖的启发，改良了蒸汽机，燃料通过介质（水）成为转变为能量，为人类做功的物质，它就不单单是燃料，而是能量的源泉，即我们现在认识的能源。

图 4-1　瓦特受到蒸汽掀动壶盖的启发

我们已经发现的能源有许多种，它们分类的方法也很多，试举一种分类法，即按获得的方法对能源分类，看看有多少种能源。

一次能源，又称为天然能源，系指直接取自自然界，而不改变其形态的能源。如煤、石油、天然气、柴草、水能、风能、太阳能、地热能、核能、海洋能等。

图 4-2　各种能源的图例与标识

二次能源，又称为人工能源，系指一次能源经人为加工后成为另一种形态的能源。如汽油、柴油、煤油等石油产品，焦炭、煤气等煤产品，以及能做功的加工介质如蒸汽、燃气、氢气，还有最常见，也是最重要的电能。

5　石油天然气在能源体系中占有什么地位?

18 世纪前，人类只限于对风力、水力、畜力、木材等天然能源的直接利用，尤其是木材，在世界一次能源消费结构中长期占据首位。

蒸汽机的出现加速了 18 世纪开始的产业革命，促进了煤炭的大规模开采。

到 19 世纪下半叶，出现了人类历史上第一次能源转换。1860 年，煤炭在世界一次能源消费结构中占 24%，1920 年上升为 62%。从此，世界进入了“煤炭时代”。

从图 5–1 与图 5–2 可以看出瓦特蒸汽机的构造情况。图 5–1 中的燃炉即锅炉，引擎即汽缸和内中的活塞，引擎出口处是连杆曲柄机构，它驱动的大轮子叫飞轮。

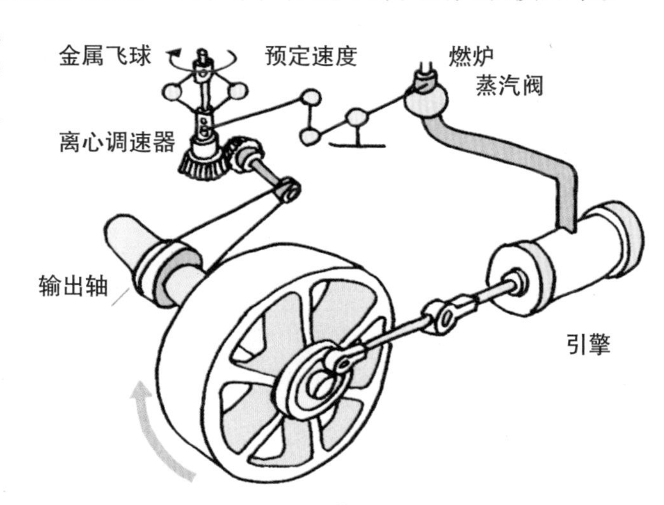

图 5–1　瓦特蒸汽机工作示意图

蒸汽机是用煤烧开锅炉里的水，形成蒸汽，通到汽缸内，推动活塞运动。再推动连杆曲柄机构，驱动曲轴转动，形成了可以输出的动力。

这样一来，煤炭这种燃料通过蒸汽机变成产生动力的能源。燃料与能源有机地结合了。

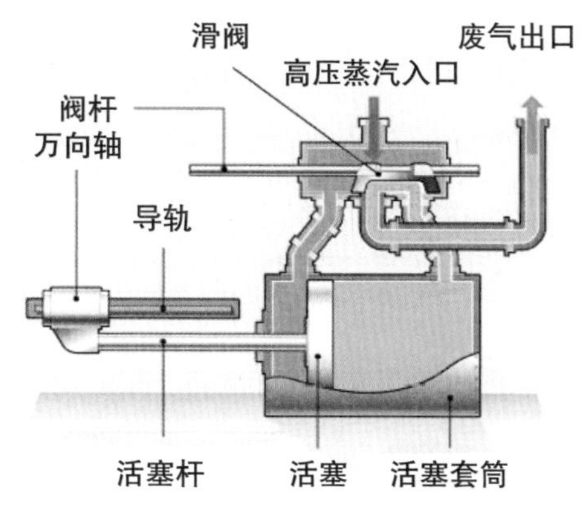

图 5–2　瓦特蒸汽机剖面图

19 世纪 70 年代，电动机发明，并逐步取代了蒸汽机，然而作为发电机的原动机，蒸汽驱动的汽轮机仍然可以用煤炭作为能源。19 世纪末发明内燃机并广泛应用才撼动了煤炭在能源结构上的领先地位。

内燃机的机构与蒸汽机相仿，也是利用在气缸中的活塞 / 连杆 / 曲柄输出转动能量做功。蒸汽机是靠蒸汽这个二次能源推动活塞做功；内燃机是靠石油提炼出的汽油、柴油等二次能源，经过雾化后喷入气缸，

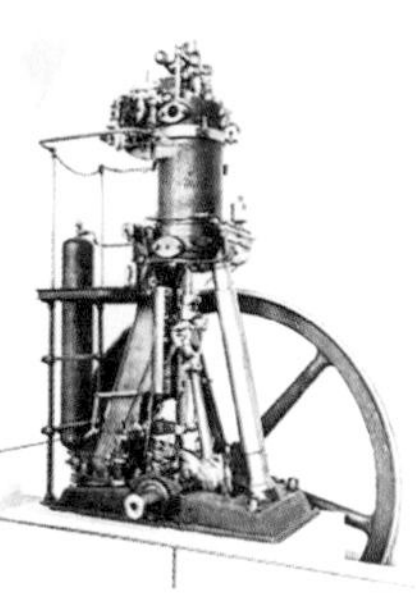

图 5-3　狄塞尔与他发明的柴油机

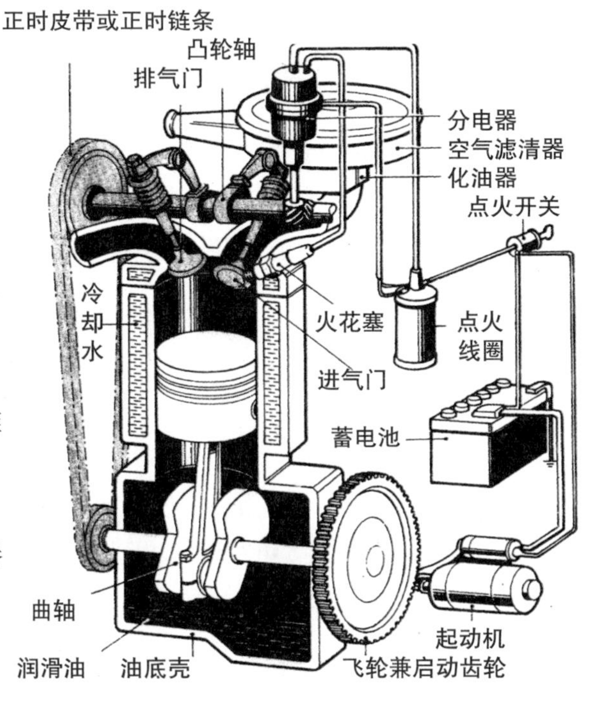

图 5-4　内燃机核心部件剖面图

点火，爆炸产生高压气体，膨胀推动活塞做功。

内燃机结构紧凑，不需要锅炉、水箱、水/汽管路等大部件，机器体积大大减小。而效率比蒸汽机高。机器的小型化使其在汽车、火车头、轮船上得到了广泛地应用。

大家都知道世界上汽车、轮船有多少哦！它们都要烧石油制品；而且燃油、燃气锅炉也在取代燃煤锅炉。因此，1965 年，石油首次取代煤炭占居首位，世界进入了“石油时代”。

图 5-3 是柴油机发明者狄塞尔（Diesel），柴油机即以他的姓命名。

1979 年，世界能源消费结构的比重是：石油占 54%，天然气和煤炭各占 18%，油、气之和高达 72%。

石油取代煤炭完成了能源的第二次转换。到 2013 年世界能源的消费结构变成了：石油 33%，天然气 24%，煤炭 30%，核电 4%，水电 7%，因此，石油和天然气是现在世界上使用最多的能源，因此油气的开发及其所需的装备是各国都在大力发展的重要项目。

据 2013 年《BP 世界能源统计年鉴》编绘；单位：百万吨油当量，%

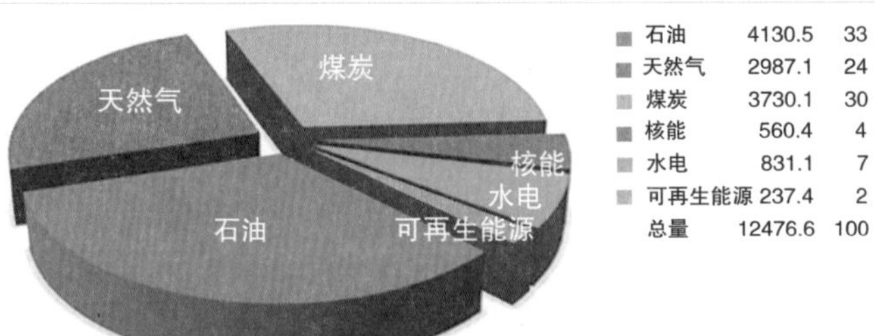

图 5-5　一次能源消费量构成（全球）

6 人类从什么时候开发利用石油天然气的?

人类开发石油天然气首先是在陆地上开始的。发现石油天然气虽然很早，但基本上都是使用溢出地表的油气，如图 6-1。也有少量特例，如四川自贡的土法气井。人们利用气井导出天然气燃烧熬制井盐，如图 6-2。我国是世界上最早发现、开采和利用石油及天然气的国家之一。最早的石油记载见于西汉的文献，北宋著名科学家沈括在《梦溪笔谈》中，把历史上沿用的石漆、石脂水、火油、猛火油等统称为石油。在人类历史上，石油在照明、医药、宗教、建筑、军事等方面都起过重要作用。公元576年，甘肃酒泉人民用石油蘸火把投掷，烧毁突厥兵攻城的武器，保全了酒泉城。

图 6-1　地表油气使用

图 6-2　古籍记载的土法气井开采

现代石油工业在传统的近代产业中是比较后起的。1859年8月27日，在美国宾夕法尼亚，埃德温·德雷克钻的一口油井涌出了油流，一般把这件事看作现代石油工业的开端。到19世纪末，在陆上勘探、开采石油的技术已经成熟，其基本框架体系一直沿用到现在。

我们稍后看看油气开发的作业流程，这在陆上或海上基本上是一样的。每一项作业都需要大量专用的装备，而海上油气开发的装备更是革命化的发展。海上油气开发是海洋经济的一个重要方面，海洋是自然赐予人类的宝库，随着技术的进步，海洋经济的规模有了很大的发展。

图 6-3　火烧突厥兵的酒泉保卫战

7 海洋经济是什么？

海洋经济主要包括海洋渔业、海洋交通运输业、海洋船舶工业、海盐业、海洋资源开发业、滨海旅游业、海洋服务业等。前几项是从古代就兴起发展的事业。随着人类需求的增长和现代科学技术的进步，近几十年海洋经济有了翻天覆地的发展，新的海洋经济项目日新月异，规模和产值成倍地增长。

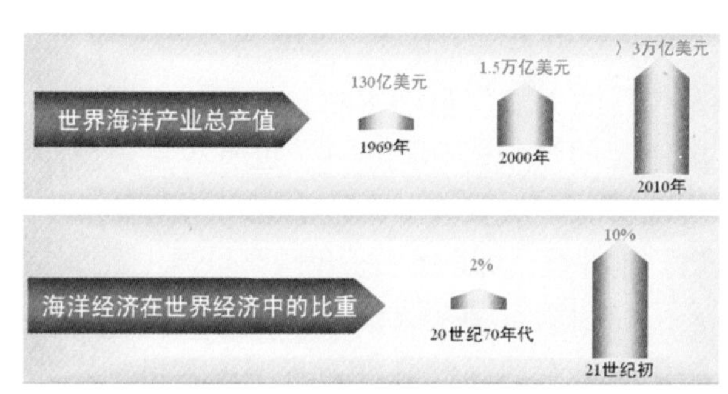

图 7–1 世界海洋经济状况

海洋资源开发业主要指人类对海洋中的生物资源、矿物资源、化学资源、动力资源等开发利用的活动。目前，最热门，也是技术、工程上已经成熟的是矿物资源中油气资源的开发。其他如海底金属结核矿资源和可燃冰的开发尚在前期探索方案之中。

海洋油气资源开发是一项高新技术工程，从地理角度来看，可分为海岸工程、近海工程 (off–shore) 和深海工程三大类。而近海工程就是现在称为海洋开发的内容。海上油气开发原先是从近海开始的，所以有了近海工程的名称。但随着近海油气资源的枯竭，也由于深水开发技术和装备的成熟，油气开发逐步走向深水，目前已经到达 3000 ~ 3500m 深的海域。

图 7–2 海洋资源的开发

8 海洋石油、天然气的开发达到什么规模了？

已经勘探并初步评估过的海洋油气资源蕴藏量：

➢ 海底石油资源蕴藏量约 1350 亿 t，约占整个地球上石油资源蕴藏总量的 45%。

➢ 海洋天然气资源蕴藏量约 140 万亿 m^3，海洋天然气资源蕴藏量与陆地天然气资源蕴藏量基本相当。

随着浅海大陆架油气资源的日益枯竭和工程技术的不断创新，海底油气资源勘探、开发与利用正向深海区域（超过 500m）发展，深海已经成为近年来世界各大石油公司勘探的热点。

世界海洋油气开发已经具有相当规模，全球油气产量，海洋三分有其一！目前全球有 100 多个国家正在进行海洋石油勘探。

2015 年世界海洋石油年产量约为 15.25 亿 t，占世界石油总生产量的 39%。2015 年世界海洋天然气年产量约为 12030 亿 m^3，约占世界天然气总生产量的 34%。

图 8–1 海洋油气资源的开发

9 世界上有哪些海区蕴藏着丰富的石油和天然气？

蕴藏着丰富的石油和天然气的海区犹如人们心中的龙宫宝库，又像是一个个海底聚宝盆，这是确实的。人们在历经千辛万苦之后，获得了丰富的回报，世界上的富油海区（或大湖区），造就了一批石油富国、富商和多位亿万富翁富婆。

➢ 北海海域：挪威、英国（布伦特油田，大家可能听说过，世界石油市场报价只有两个，纽约及北海布伦特）。

➢ 海湾地区：阿联酋、卡塔尔等。迪拜已经是世界现代富豪的集中地了。

➢ 西非海域：原来很穷的国家已经有了一些石油美元，如：尼尔利亚、安哥拉、赤道几内亚等。

➢ 巴西海域：大西洋坎波斯湾海洋油气开发了几十年，石油改变了巴西经济的格局。

➢ 马拉开波湖是委内瑞拉水上油气的聚宝盆，20 世纪初已开发，是海洋石油开发的先行者之一，石油是该国的经济命脉。

➢ 墨西哥湾是美国也是世界海洋石油业的发源地，技术一直领先。

➢ 东海、南海是我国海洋油气的聚宝盆，我们正在努力开发。但是垂涎者很多，麻烦也不少。我们要大力研发开发装备，迎头赶上！

➢ 里海地区是前苏联的水上油气聚宝盆，苏联解体后，里海周边国家都成为石油资源大国。

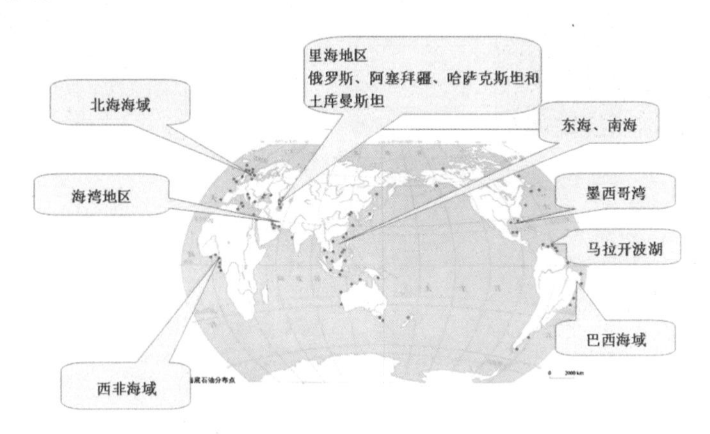

图 9-1 世界海洋油气资源分布

10　什么是海洋油气开发装备?

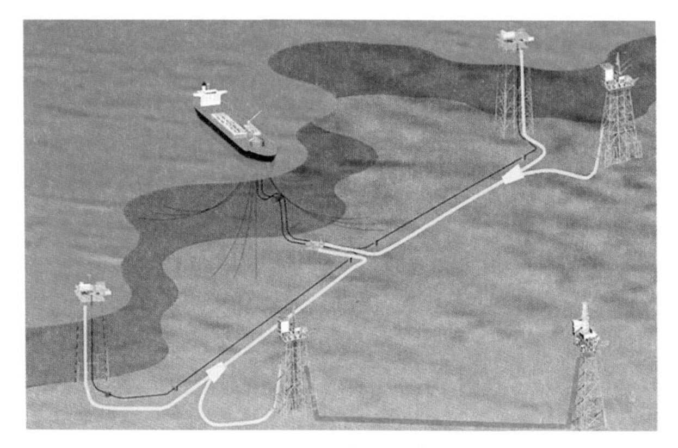

图 10–1　油田示意图

海上油气开发生产所需的装备犹如一个家族，各司其职，有机配合，共同完成油气开采任务。但若把它们统统罗列出来，像下面几张图片把油气开发装备中一部分展示出来，大家可能有点眼花缭乱。如果我们了解一下海上油气开发生产的过程，再梳理每一过程所需的装备，就可以对这个装备家族有个初步的印象。

先来说说“装备”这个名词，大家不会陌生吧。如果你要进行什么样的文体娱乐活动，或者玩网络游戏，都要准备某种装备，也就是进行活动的工具系统。海洋油气开发装备也基本上是执行某项任务的大型工具系统。例如开采油气的生产平台。

图 10–2　半潜式平台

海上油气行业通常把海上平台和工程船统称为“装备”，而把平台和船上装设的附属物称为系统(如定位系统)、设备(如电站)、构架(如导管架、桩腿)、结构物(如上部平台 top side)等。

图 10–3　自升式平台

图 10–4　各类海洋油气生产装备

图 10–5　导管架平台群

11　海洋油气开发要做多少事？需要什么特殊的装备？

海上油气开发生产一般可划分为四个阶段，如图 11–1 所示。

其实两个勘探是交叉进行的，也可以认为是三个阶段。

下面，我们先把勘探阶段需要的常用装备展示出来，然后对任务和装备的概况简单地介绍。

➢ 地球物理勘探。主要装备是物探船。向海中发出震波，接收海底回波，分析海底地层中油气情况和位置。

地球物理勘探

钻井勘探

油田开发及建设

油气生产、储存、输出

图 11–1　油气开发生产的阶段性工作

图 11–2　物探船

➢ 钻井勘探。根据物探的资料，在可能有油气资源的海区钻若干个探井，探明是否实际存在着油气资源，以及基本的数据。在海上钻井需要特殊的装备，经过实际的操作、适应并改进、开发与淘汰。目前，有效的油井钻探装备有——自升式钻井平台、半潜式钻井平台和配有定位装置的钻井船。在工作水深不超过 10 m 的浅海、海滩，还可以使用坐底式钻井平台。

自升式、坐底式钻井平台是一种刚性定位的钻井平台。半潜式钻井平台和动力定位钻井船是浮式定位的钻井平台。它们都有一个共同的特点，可以移动，搬迁到另一处进行钻探。

图 11–3　钻井勘探的装备

12 怎样能找到海底下的油气储藏?

油藏聚宝盆躲在陆上或海底下数千米深的土层里，怎样才能找到它们呢？这是非常困难的探索性工作。通过不断地摸索实践，石油人找到了可行的方法，第一步是使用地球物理勘探，第二步是钻井。

先来看看地球物理勘探。

海洋物探包括海洋重力、海洋磁测、海洋地震等方法，目前使用最广泛的是采用气枪激发震波的地震勘探法，具体的设备主要是制造声波的气枪、负责收集传输信号的检波器和电缆以及收放储藏电缆的绞车。安放这些设备的专用船舶就是物探船。衡量物探船能力与水平的标志是电缆的根数。一根电缆能扫描 100m 左右宽的带状水面的回波信号，若物探船能拖带多根电缆，则扫描海面将大大扩大，就能提高物探效率，现在已建造拖带 20 根电缆的新型物探船。而且电缆和回波接收器还可以放到不同深度的海中拖行扫描，形成立体布置接收回波信号，这就是所谓三维物探，能更精确地探测油气储藏构造位置大小。

图 12-1　拖带电缆的物探船

13 地球物理勘探是怎样进行的？

物探船作业时，船向前方行驶，船后部放出多条电缆。电缆之间相距约 100 m，形成覆盖宽千余米，长数千米的海区。随后，气枪进入海中，通过高压空气激发，在水中产生震波，传到海底后，不同的地质构造会反射出不同的反射波。此时电缆上的检波器就把信号收集起来，反馈到船上的仪器。信号数据经过初步筛选后，被送回岸上进行专业分析，取得地层对人造震波反射资料，通过解释和分析，了解海底地质构造，寻找储油构造，为钻探提供依据。

简而言之就是通过人造震波传入海底，地层产生的反射波，根据土层固体与油藏的液体或气体的反射波不一样的特性，找到地下油气构造的范围，再来钻探，实际确认油气储藏聚宝盆。

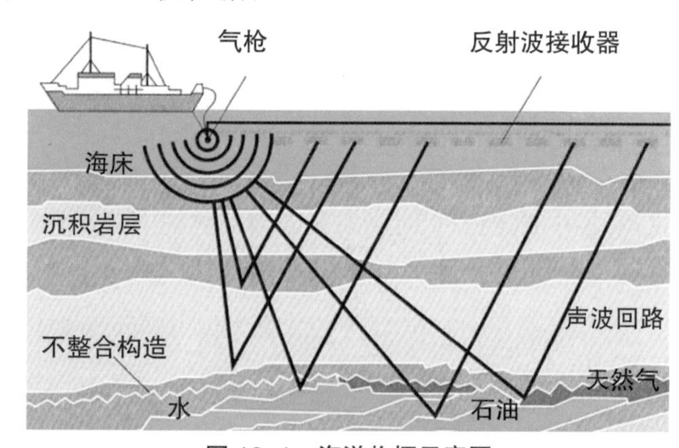

图 13–1　海洋物探示意图

海洋物探方式如图 13–1 所示，图内左上是产生震波源的气枪，右上是反射波接收器（检波器）。同心圆和向下的黑线是震波示意，向上的黑线是地层反射波示意。地层中绿色区为石油油藏，红色区为天然气储藏，蓝色区为水。

图 13–2 是收集到的二维、三维反射波数据，经过处理分析描绘出的海床底下的储藏模拟图。但在外行人看来，仍然是读不懂的天书！

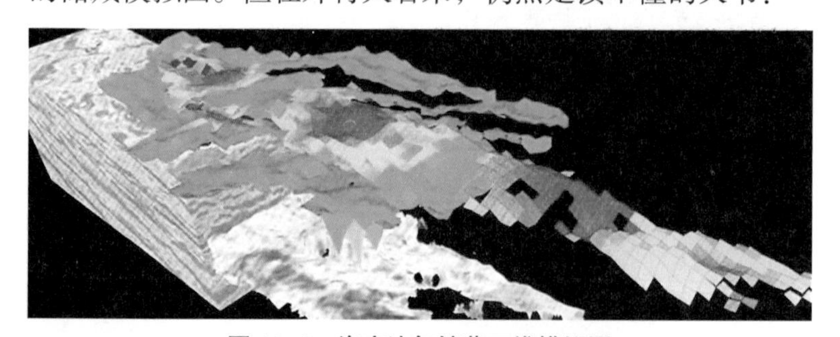
图 13–2　海底油气储藏三维模拟图

14 发现油气储藏的线索后再做什么事?

使用物探船普查发现某海区有油气储藏的线索后，首先是分析研究物探资料，比对其他有关的参考资料，确定线索的价值，有没有进一步勘探的可行性。这进一步的勘探是钻井勘探，要看到真的油气，最好的办法就是钻进地底下的储油聚宝盆——在海底钻孔。

图 14-1　钻井平台工作场景模拟

在海上钻井必须要有钻井的装备，前面已经介绍过几种常用的海上钻井装备。采用哪种钻井装备呢？主要的约束条件是要钻井海区的水深和风浪流情况（我们称它环境条件）。坐底式钻井平台作业水深不超过 10 m。自升式钻井平台 160 m 以内。半潜式钻井平台和动力定位钻井船作业水深已达到 3000 ~ 3500 m。

取得海底油气储藏地层的实在材料（泥芯）后，又是新一轮更详细的分析研究，解决：有没有油气？有多少？用现有的装备和技术能够开采吗？有开采价值吗？后一个问题不单单考虑技术、经济，作为战略物资的石油，有时是不考虑经济，要不计成本地去开采出来的。

在研究决策要开采某个海区的油气资源后，就要开展方案设计，决定采用什么样的生产装备？规模大小？其中生产设备的种类也主要受到工作水深的限制，这将在后面加以介绍。

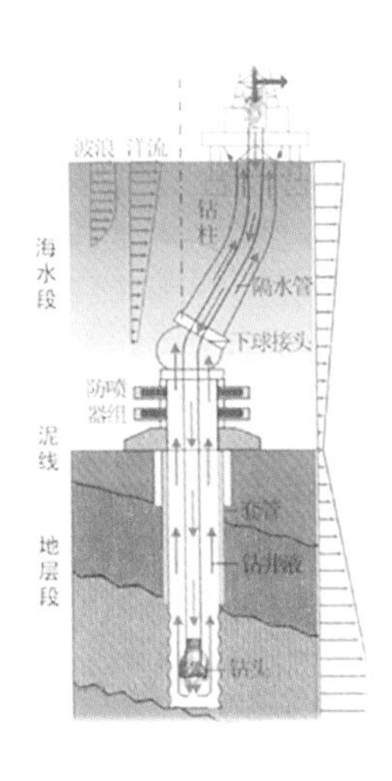

图 14-2　海上钻井隔水管系统结构图

15　为什么地球物理勘探与钻井勘探要联手探宝才能确认有油气储藏？

某一海域的油气勘探首先是用物探船进行二维物理勘探，如图 15–1 所示。然后通过对二维地球物理勘探资料的分析和判断，对于可能有油气生成的地质构造处钻取勘探井。再分析比较二维资料和勘探井取芯资料，确定三维物探方案并实施。取得详细的地质构造资料，确定是否开钻评价井、数量和井位。

图 15–1　物探船进行二维物理勘探

一般情况下都要钻取评价井以获取可靠的地质资料。实施钻评价井后，通过分析比较三维物探资料和评价井取芯资料，以确定其是否有开采价值。可见海洋物理勘探与海上钻井勘探是需要交叉进行的。图 15–2 中的几幅某海区的物探地层分析图，有些已绘出了井位图示，说明物理勘探与钻井勘探是交叉进行的；右下那幅更是给出了进行含气储存描述，显示三维物探分析的成果。

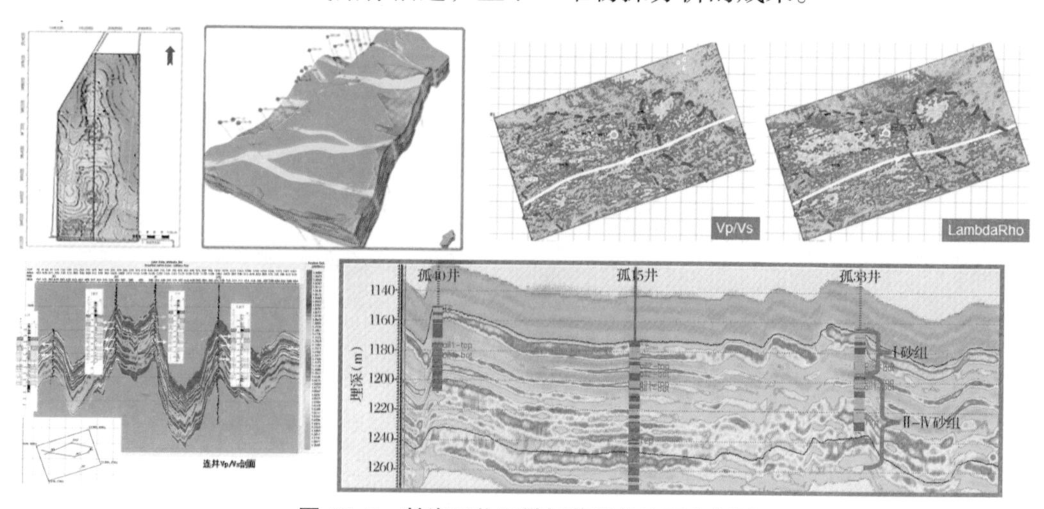

图 15–2　某海区物理勘探获得的地层分析图

16 为什么说钻井是海洋油气开发的核心任务?

无论有多少勘探井和评价井需要钻探，钻井阶段的主要作业就是在海上进行钻探。打一口特殊的、但已标准化的油井，需要使用能装载全套石油钻井设备系统并支持其钻井作业的特殊平台或浮体。在石油公司指定的钻探点上，相对固定的位置上来完成海上钻探任务。再从油气开采的流程来看，最关键的工作是建设油井，有了油井地底下油气资源才会被抽出来，或有控制地喷出来。而建设油井的核心任务也是在海底钻孔。这可不是非专业人员常识范围内的钻孔。让我们看看海上油气钻井的数据——我国海上油井最深的井深是5500m，在渤海湾浅海；世界上海上油井最深井深是10685m，该处水深1259m；最深水域的油井井深5625m，该处水深3165m。钻井作业的困难和工作量可想而知。而建成的油井（管线）长度除井深外还要加上水深和水上管线，长达数千米比比皆是，最长的超过万米。这是多么惊人的一条巨龙！它以无穷的力量，潜入海中数千米，钻入海底万米，将地下宝藏的油气鲸吸出来，造福人类！

图 16-1 海上油井的立管

油井长龙雄伟的身躯在图上无法完整地显示，如想在一般书本上的比例显示7000m长的油井全貌，油井长最多显示200mm，那么最大的平台也只有3 ~ 4 mm，小得看不清了。我们找了几幅缩短了长度的油井图片，大家必须想象，图上的油井是被画短了许多，只显示了部分。图16-1中各座平台下中间的几根细线是被称为“立管”的油井管线水下部分，海底下的管线还没有示出。图16-2伸入地层下的较粗管线就是油井管线，不过长度只显出了部分，细心的读者可能看出，有些油井管线是弯的，变向了。不错，这些井称为定向井或斜井。钻斜井可在有限大的平台面积上把大范围海底油藏构造中的油气开采出来。

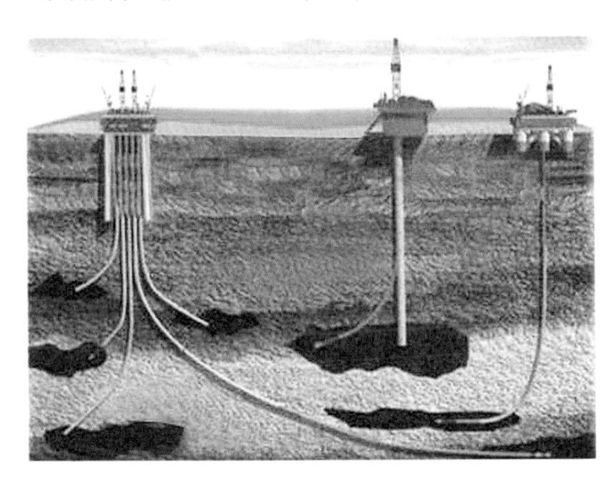
图 16-2 海上油气钻井示意图

17　油井长得是个啥样子？油井外层的套管干什么用的？

现在我们已经知道了，由于石油、天然气是液体、气体，都是能够流动的流体。它们埋藏在地底下，如果要把它们开采出来，不管在陆地或是在海上，总要钻一个洞，接上管子，才能把油气引出来。这个洞和管子就叫做油井（气井）。打洞接管子的工作叫做钻井。

先来了解一下油井的具体构造。油井最基本的构造是——中间是油管，这是油井的核心组成部分，外边是套管。油管是钢管，有不同直径；套管则是一根由不同直径钢管组成的阶梯型套管结构。

图 17–1 利用油井纵剖面图介绍了某一个油井的套管结构，并简要地说明了下各根套管的目的。这根套管内的油管内直径为 127mm（5in）。

在这里要说明，由于近代石油工业发源于英美，他们使用英制度量衡，因此石油行业的度量衡目前还是英制。我们叙述换算成公制注释。

井身结构	套管名称	井径 / 钻头直径	下套管的目的
	套管直径 mm(in)× 下入深度 m	mm（in）	
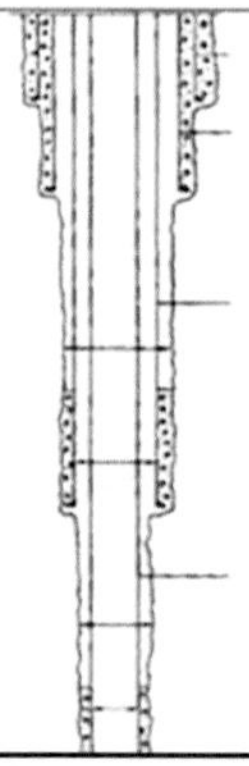	隔水导管 762(30)× 海底一下 40	914 (36)	隔离海水； 钻具导向； 形成泥浆回路。
	表层套管 399.7(13 3/8)×200	444.5 (17 1/2)	加固上部松软地层； 安装井口装置。
	技术套管 244.5(9 5/8)×1500	317.5 (12 1/2)	加固井壁； 隔离油、气、水复杂地层； 保证定向井方向； 技术套管根据岩层情况可下数层，但应尽量少下或不下。
	油层套管 177.8(7)×3000	215.9 (8 1/2)	封隔不同压力的油、气、水层； 保证采油生产； 油井必须下入油层套管。

图 17–1　油井纵剖面图及套管的使用

18 油井套管又是怎样的结构和尺寸？

我们用两根油管的套管结构示意图来说明。左边油管直径为 127mm（5in），长度坐标约为海底下 3400 ~ 3900m。右边油管直径 73mm（2.875in,），长 4544.53m。管道规格大小用管子的内径表示，生活中我们也在使用。家用的自来水管俗称 4 分管，即内径 1/2in，即管道内径 12.7mm。

油管外边的套管以图 18-1 右图示意的油井为例，第一段钻直径 660.4mm、深 94.5m 的孔，下直径 608mm、长 91.48m 的套管。第二段钻直径 406.4mm、深 1119m 的孔，下直径 339.7mm、长 1010.62m 的套管。第三段钻直径 311.1mm、深 2860m 的孔，下直径 244.5mm、长 2854m 的套管。第四段钻直径 216.0mm、深 4550m 的孔，下直径 177.8mm、长 4544.53m 的套管。第五段钻直径 149.0mm、深 4870m 的孔。从 4506.56m 深度起下直径 127mm 的衬管到 4870m，即长 363.44m 的衬管，与第四段套管连接起来。孔与套管之间的环形缝隙灌注水泥等凝固材料，使套管稳固。图 18-1 中的右图点状区域就是凝固材料，左图中的隔水套管为施工用，右图中未显示。

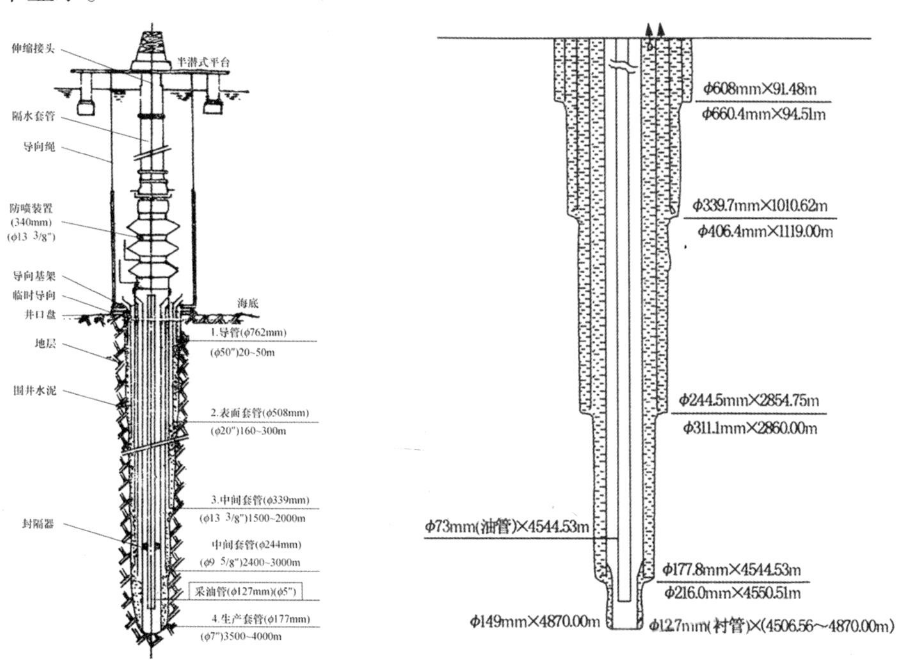

图 18-1 油管套管结构示意图

19　油管只是一根钢管吗？它还有其他的附件吗？

油管当然不只是一根钢管，它的结构很复杂，各种油（气）管的附件繁多，各不相同，不是从事这个行业的读者没有必要详细了解，也很难懂。

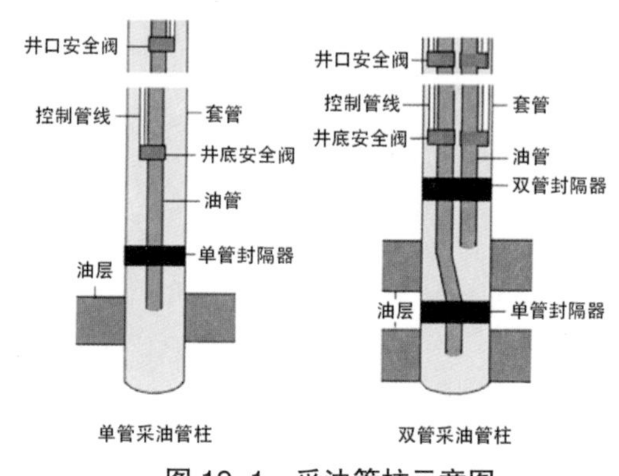

图 19–1　采油管柱示意图

我们用几张示意图来显示一下，但都是油管柱的末端，最接近油气储藏的一头。在油管柱的首端，即出油的一头，还有更复杂、更重要的配件，如防喷器和采油树等，将在后面简单地介绍。这里所附几张图中都有简短的说明，不一一介绍了。读者有兴趣可以在网上查询。

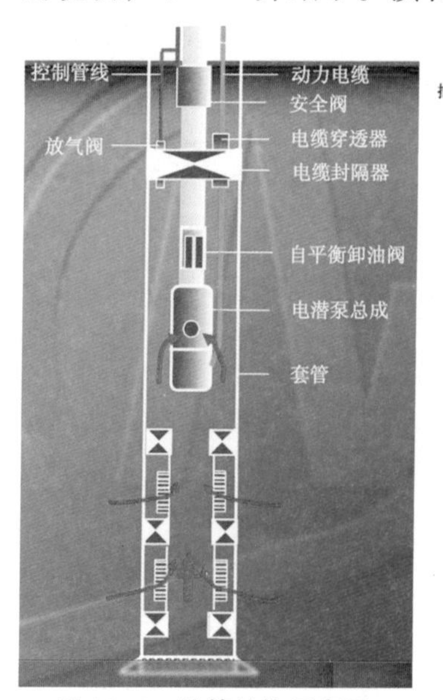

图 19–2　油管结构示意图

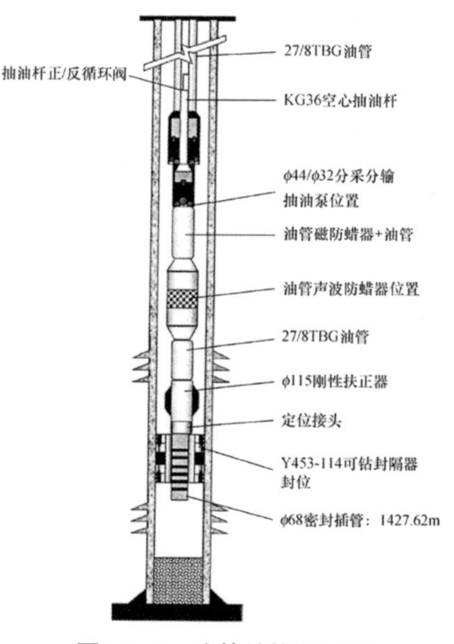

图 19–3　油管结构剖面图

图 19–3 中的外文是这种设备附件的型号，数字是尺寸规格。

20 开发石油时用什么设备钻井?

大家可能都知道钻孔是怎么一回事，用一种手提钻机或钻床之类的机械，装上一个钻头的工具，机械带动钻头转动时，把钻头压在要钻孔的物体上，钻头旋转切削物体，并向前钻进，切下的碎屑沿钻头上的沟飞出来。除了冲击钻是钻头往复运动打孔之外，大多数钻孔都是钻头旋转运动钻孔。从陆上油气钻井方法搬到海上油气钻井也是钻头旋转运动钻孔，钻井的机械叫做石油钻机。

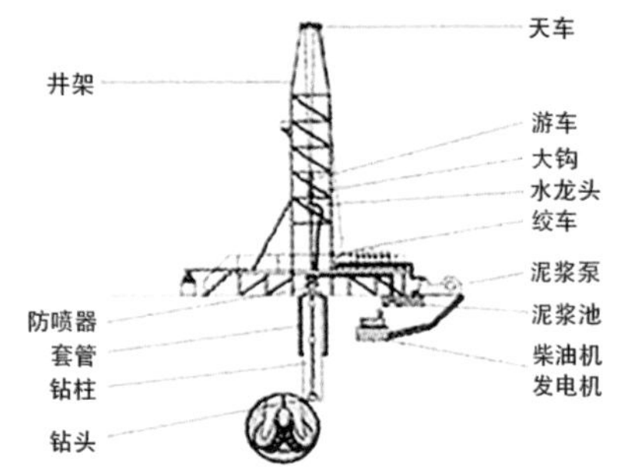

图 20–1　海上钻井装置的构成

我们先用陆上的钻井来了解钻机的基本构造。图 20–1 的上下两图中，个别部件名称不一样，但主要部件都有。

石油钻机带动钻头旋转的部件大多数是转盘，先进的叫顶驱。高高的井架是支持结构件。

石油钻机特殊的性能是连接钻头的钻杆和方钻杆。而钻杆是一根一根接起来的，要钻很深就要接上许多根，每根十几米左右。最上面的接上方钻杆，插到转盘的方孔之中，如图 20–2 所示，便于传递转动的扭矩。钻杆中间有孔，使钻孔需要的泥浆通过。钻杆在转盘中随着转盘转动而转动（这叫做驱动），并可以在转盘上下移动。

图 20–2　驱动钻杆的转盘

一长串钻杆和钻头是吊在井架上转动钻孔的，图 20–1 中的天车、游车和大钩就是悬吊部件，通用的机械名称为定滑轮、动滑轮和吊钩。

21　在海上几百、几千米深的油井是怎样钻出来的?

我们看过了油井结构和石油钻机的概貌之后，其实已经知道在海上是怎么钻井了。

我们来归纳一下。

➢ 用钻机设备转动钻杆（头上装金刚石钻头，如图 21-1）在海底钻出孔洞。钻杆是一根一根接起来的。

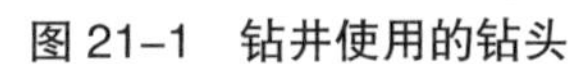

图 21-1　钻井使用的钻头

➢ 钻出的孔是阶梯形的圆柱孔，上大下小。

➢ 钻出一段孔洞后，把钻杆拉起，一根一根拆掉。

➢ 装进一根直径小一点的钢管（统称套管），在套管和孔洞的环形空当里浇灌水泥，这种作业叫固井。

➢ 再钻下一段孔洞，下套管，固井……直到藏油的地质构造（油气聚宝盆）。这只是给油管准备了坚固的外套。

➢ 装进输油管柱、采油的设备、仪器、电缆……完成油井建设（统称完井）。

➢ 海上钻井是一项非常艰苦的作业，我们摘取几幅大众传媒上的图片，让大家粗浅地了解一下石油从业者的聪明才智和艰苦卓绝的敬业精神！

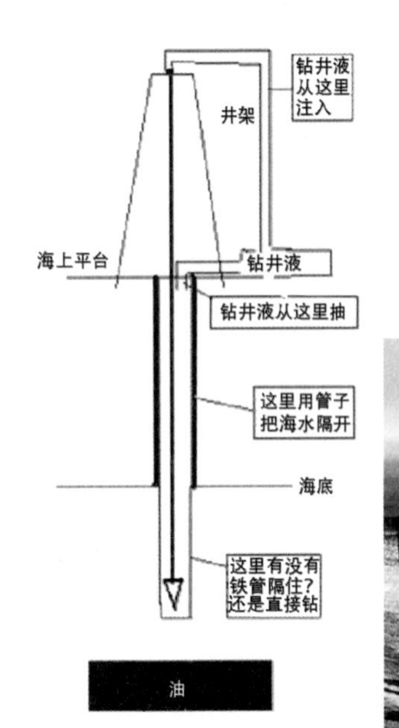

图 21-2　海上钻井示意图

请读者看看看海上钻定向井（斜井）效果图。图 21-3 是先钻直井到一定深度后转向成水平井；图 21-4 是钻井效果示意；图 21-5 是钻斜井，逐渐转向水平通往海底油藏构造，图 21-6 为海上钻定向井的细节效果（钻杆及一些附件，前端为大直径钻头）。

图 21-7 显示了我国建造的 3000m 水深半潜式钻井“海洋石油 981”号在南海开钻现场及海上平台钻井现场，图内右边那幅显示平台体上开口的方框下是海

图 21-3　海上钻定向井过程中先直井后水平井钻法

水，钻井设备从此处下海，此开口叫“月池”。

图 21-8 显示钻井作业的一个工序——钻杆顶端接上钻头准备下钻。图 21-9 是装了大直径的钻头，准备下钻大孔。

图 21-4　钻井效果示意图

图 21-5　海上钻井过程中斜井钻法

图 21-6　海上钻定向井细节效果图

接钻管是钻井作业重要工序，是平台上最繁忙的工作（图 21-10）。一根钻管十几米长，我们已经了解，钻井深度几千米至上万米，要接多少次！而且钻了一段后要提起来做其他必须做的作业，提起时要一根一根地拆掉，一根一

图 21-7　“海洋石油 981”号南海开钻现场及海上平台钻井现场

图 21-8　钻井作业的重要工序——接钻头

图 21-9　接驳大直径钻头准备下钻大孔

图 21–10　钻井的重要工序——接钻杆

根地放好。这样反复多次，工作量之大可想而知！

现在请读者看看海上钻井平台的钻井塔架内场的壮观景象。图 21–11 中央的黄红色设备是一种较新型的钻杆（因为钻杆是中空的结构，又称为钻管）驱动装置顶驱钻机。它是悬吊在大钩上夹着钻杆转动钻孔的，钻台上的钻盘型钻机就不用装设了。四周竖立的都是钻杆。

图 21–11　顶驱钻机

钻井是非常艰苦的工作，劳动强度大，工作环境差，还有相当危险性。海上作业环境更差，如果是浮式装备，平台摇晃、上下起伏会造成不舒适感、安全威胁和影响作业效果。让我们看看海上钻井现场的“脏乱差”环境，如图 21–12，激起我们向平台石油工人和一切从业者致以崇高的敬意！

图 21–12　辛劳的海上采油工作

22 油井有几种类型，各自起什么作用？

我们已经说过钻井是海洋油气开发的核心任务。现在，再从另一个角度来看看这个问题，海上油气开发过程中，要钻哪些油井，也就是说，油井的种类有几种，它们都有什么用途。这个问题对读者来说，只要知道油井之多和钻井工作之艰苦就可以了

从专业的角度，油气水井分类和用途大致是：（1）勘探井。包括普查井（地质探井）、预探井、详探井、评价井等；（2）开发井。包括检查资料井、生产井、注水井、注气井（气举井）、调整井等；（3）特殊用途井。除了特殊用途井外，具体的油田不一定所有种类的井都要钻，但必须钻的基本油井还是不少的。

➢ 地质探井。也称基准参数井，系指在很少了解的含油气沉积盆地中，为了了解地层的沉积年代、岩性、厚度、生储盖组合，并为地球物理解释提供各种参数所钻的井。

➢ 预探井。是在地震详查和地质综合研究基础上所确定的有利圈闭范围内，为了发现油气藏所钻的井；在已知油气田范围内，以发现未知新油气藏为目的所钻的井。

➢ 详探井。也称油藏评价井，是在已发现的油气圈闭上，以探明含油、气边界和储量，了解油气层结构变化和产能为目的所钻的探井。

➢ 检查资料井。是在已开发油气田内，为了录取相关资料，研究开发过程中地下情况变化所钻的井。

➢ 生产井。是开发油气田所钻的采油、采气井。

➢ 注水（气）井。是为合理开发油气田，保持油气田压力所钻的用于注水（气）的井。注气井又叫气举井。它与其他的井不同，是向油气储藏构造内灌注水或灌注压缩空气以保持油气田压力；而其他井都是往外抽取油、天然气、泥土芯、资料等等。方向不同啊！

图 22-1 各类海洋油气生产装备

23　怎样实现在海上钻井，以及后阶段的采油？

至此，我们已经知道，石油和天然气是目前主要的能源，重要的战略物资，需求量非常大。陆上资源慢慢地采完了，人们走向海洋去开采油气。我们也了解到，开采石油，先要找油（勘探），而最主要的工作是钻井、建油井、然后采油采气。钻井用一种叫钻机的设备，采油用油井。这些在陆上、在海上都是一样的。但是，问题就来了，陆上可以建厂房、安装设备，在海上厂房建在哪里？设备安装在哪里？谁都知道，不能直接在水面上建，必须要在一个“平台”上做这些事。

“平台”是现在流行的名词，做某件事的基础、依托、空间、单位、甚至什么大奖赛、一档电视节目、软件系统都可以叫“平台”。但海上开发油气所需的平台是一种实实在在的装备，也可以说是海上钻井工厂和海上油气生产公司。平台内装设了钻机系统及其所有的附属设备，或者油气生产系统的所有设备；还有发电站等生产保障系统设备、操作人员的生活系统设备、安全、通信、联络系统设备等，是一个独立于海上的石油生产企业。除了这些“必要条件”之外，平台还需要具有能在海上安全钻井或采油的“充分条件”——满足油气勘探、生产需要的环境。简单地说要有一个稳固的基础，不幸的是在海上建立稳固基础非常困难，几乎是海洋油气装备开发中最难解决的难题。

可能不是所有读者都有过在海上的经历，但从媒体上总会知晓海洋的景象，风平浪静固然美不胜收，但实际上这是极少遇到的；一般总是风吹浪打，即使无风也是三尺浪，狂风巨浪更好似世界末日式的恐怖。这种环境下要使海上装备稳固的确很困难，因此海洋油气开发装备都要具备“定位”的能力：浅水装备最好的定位方法是把桩插在海底，形成固定装备。但深水装备不可能这样做，只能另辟蹊径。海洋环境变化无常，海底油气性能也难以预测，海洋油气装备即使具备定位能力和强有力的安全措施，事故仍然难以避免，图 23-1 反映的就是海洋平台的事故现场，真是触目心惊！

图 23-1　海洋平台事故现场

24 有几种常用有效的海上钻井装备?

前面已经说过，在海上钻井需要特殊的装备。在钻井勘探阶段，经过实际的操作、适应并改进、开发与淘汰。目前，有效的油井钻探装备有：自升式钻井平台、半潜式钻井平台和配有定位装置的钻井船。在水深不超过 10 m 的浅海、海滩，还可以使用坐底式钻井平台。

在采油采气的生产阶段，还需要钻许多生产用途井。除了上述钻井装备四大金刚之外，各种生产平台均可装设钻井设备，实施海上钻井：导管架固定平台、顺应式拉索塔平台、张力腿平台、立柱式平台（Spar）、重力混凝土坐底式平台等。还有既能建设成钻井平台，又能建设成生产平台的半潜式平台和自升式平台，以及正在研发的浮式钻井生产储油船装备（FPDSO）等。

钻井勘探阶段施工的钻井装备在作业虽然都能固定或定位，但它们在某海区井位作业完成后，都可以移位搬到另一处海区井位，这才符合到处找油的要求。所以它们被称为移动式钻井装备。而生产平台中数量占绝大多数的导管架固定平台，不能搬移，采油生产任务完成（油藏内无油可采）时就只能放弃了。

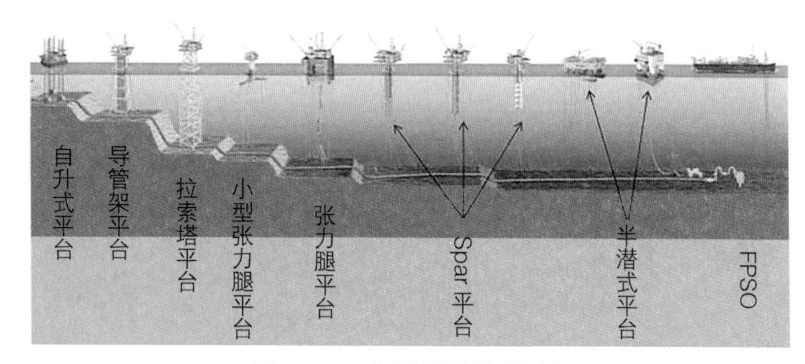

图 24-1　各种海洋钻采平台

30 多年前，对废弃平台的处置办法是能用的设备拆下搬走，剩下的空架子、空房子就扔在海上，拍拍手就走人！现在人们对海洋环保的意识加强了，这种“僵尸导管架”对海洋也是污染，碍航碍渔，破坏海洋环境，必须拆除！建平台不容易，拆平台更不容易，又有新的技术难题需要攻克。

其他生产平台理论上可以搬移，而实际上只有生产储油船装置有搬迁实绩。

25　什么是自升式钻井平台？

自升式钻井平台既是可以移动的浮体，又是可以站在海中固定的平台

它构造上最大的特点是具有 4 根或 3 根腿，称为桩腿。桩腿是平台屹立海上的支柱，又是平台爬升的梯子，使平台有了可以升离海面的升降能力。

它有两种基本类型：长方体和三角方体。长方体平台有四根圆柱形或方柱形桩腿，工作水深 60m 以下。三角方体平台有三条桁架型桩腿，工作水深可到 160m 左右。

它的用途：钻井（勘探井、评价井、生产井）、试油、完井、修井等勘探及建设阶段的任务。也可以承担生产阶段的采油、处理等作业或建设成住人的生活平台。

图 25-1 为三角形体桁架式桩腿自升式平台的组成。自升式平台由平台主体、桩腿和升降机构三大部分组成。主体上装设生产、动力、公用、生活、安全等系统。

图 25-1　自升式钻井平台

图 25-2　自升式钻井平台鸟瞰

26 自升式钻井平台怎么样自行升降的?

自升式平台最显著的特点是它能将平台升起，使浮在海上浮式装备升离海面，成为固定式装备。这在海洋油气开发装备大家族中是唯一的。此特性依靠升降系统来实现，升降系统由桩腿和升降机构组成。桩腿有两种样子，空心圆柱体或空心方柱体桩腿和用钢构件搭建的桁架桩腿。升降机构也有两种形式：油缸顶推和齿轮齿条驱动，油缸顶推是一段一段进行的，升降时间长，用于 50m 以内浅海自升平台；齿轮齿条机构升降是连续进行的，可用于水深 160m 的自升平台，这是目前这种平台的水深极限。平台升起过程见图 26–1。降平台反向操作实现。

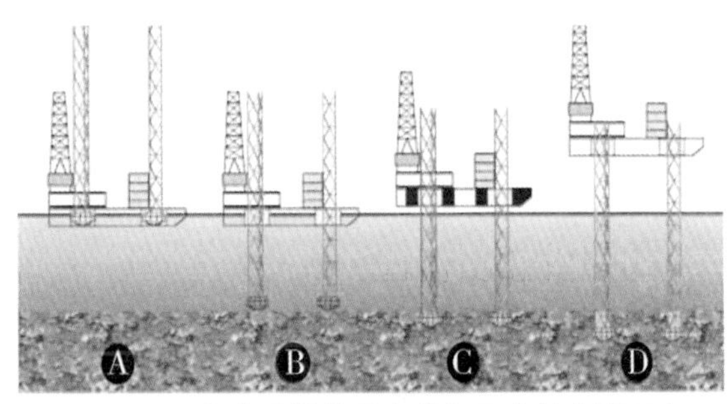

图 26–1　自升式钻井平台升起平台的步骤示意

图 26–2　升离水面的自升式钻井平台

自升式钻井平台升起平台的步骤：

➢ 第一步将平台运到钻孔海区，拖航或运载（A）。

➢ 第二步放下桩腿直到海底并插入土层中（B）。

➢ 第三部继续开机，用平台自重把桩腿压入土层，直到压不动，桩腿就牢固地插在海中了（C）。

➢ 第四步继续开机，这时平台就升离海面（D）。

平台主体升离海面，成为固定装备，图 26–2 为平台升离水面的雄姿。图 26–3 为平台拖航，图 26–4 是用半潜运输船搭载。

图 26–3　拖航中的自升式钻井平台

图 26–4　半潜运输船搭载的自升式钻井平台

27　自升式钻井平台的齿轮齿条驱动升降机构是怎样工作的？

齿轮齿条式升降系统，具有升降速度快、操作简单和易对中井位等优点，已成为自升式平台升降系统的主流形式。

齿轮及驱动设备装在平台上，齿条装在桩腿上，它们是一套运动副的两个主要元件，如图 27–1。齿轮齿条处于工作状态，称为啮合。

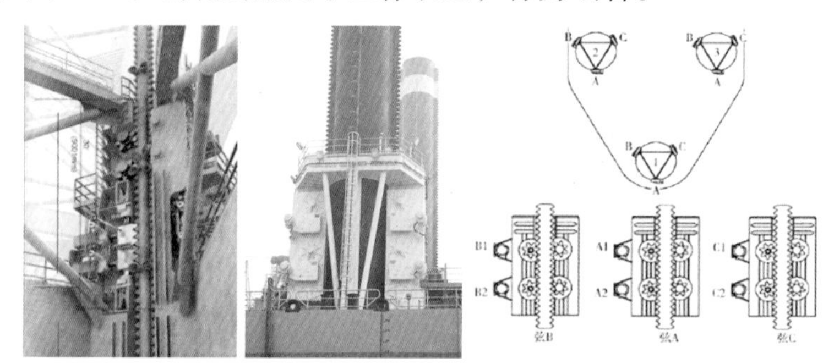

图 27–1　自升式钻井平台齿轮齿条升降系统

图 27–2 是已连接到桩腿上的齿条。

图 27–3 是小齿轮及驱动设备，边上有个人可参照齿轮的庞大程度。

当齿轮在驱动设备如电动机或液压马达带动转动时，齿条就作直线运动，因此就使平台体与桩腿产生相对直线运动。按上面平台升船的步骤，我们看到，有时桩腿下降，有时平台上升。

图 27–2　自升式钻井平台连接到桩腿的齿条

图 27–3　自升式钻井平台小齿轮及驱动设备

28　自升式钻井平台有哪些优点与缺点?

自升式钻井平台自 1953 年问世以来，以其能适应海上钻井等施工的特点，发展很快，建成平台数约占移动式装备的半壁江山。

图 28–1　柱形桩腿自升式平台

自升式平台最显著的优点是它能依靠自身所带的设备，把浮在水面摇摆漂浮不定的平台浮体升到海面以上，变成屹立在海上的固定建筑物，使油气开发的各种作业能稳定、安全、可靠地进行。而在完成某海区的任务后，又可重新降到水面，移位到新的海区，再升起作业。这在海洋油气开发装备的大家族中是独一无二的。

自升式平台的缺点也是明显的，它只能在较浅的海域作业。图 28–1 的长方平台体柱形桩腿的自升式平台作业水深在 50m 以内；图 28–2 中三角方平台体桁架结构桩腿的自升式平台作业水深不超过 160m。有专家指出，按目前技术和材料的水平，这种结构的平台还不能在深于 200m 的海区作业。

图 28–2　三角方平台体桁架结构桩腿的自升式钻井平台

细心的读者会看出，自升式平台能站在多深的海中，全看它的腿有多少长，情况正是如此，如图 28–3 所示。设计平台时桩腿的长度数值上等于大于设计的工作水深，加上插入泥土的深度，加上平台体的高度，加上一个安全气隙，再加上露在升降机构顶上的一段。这里只告诉读者，桩腿长度要满足它的强度和刚度需求，不可能做得很大，因而限制了水深。

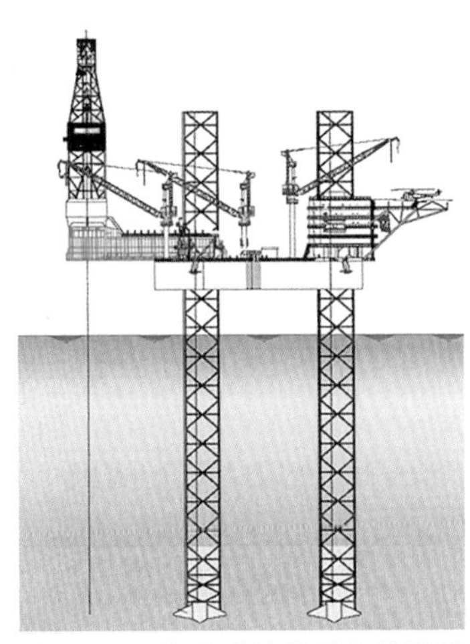
图 28–3　自升式钻井平台的桩腿

29　半潜式平台是什么样子的装备？

半潜式钻井平台是可移动的浮体，工作时处于定位的漂浮状态，也就是说可控制在较小范围的海面上漂浮。

它具有方或长方体型的平台体，其下连接着4至12根立柱，立柱下连接着沉垫。移位时平台体及立柱浮出水面，沉垫浮在水上航行。工作时沉垫及大部分立柱沉入水中，也因之得名为半潜式平台。

半潜式平台工作水深范围大，从60m到3000m以上，因此适用海域宽广。它的技术和装备等级表现在工作水深能力及相应的技术装备指标上，如最先进的第六代半潜式平台，工作水深大于3000m。

它的用途：钻井（勘探井、评价井、生产井）、试油、完井、修井等勘探及建设阶段的任务。也可以承担生产阶段的采油、处理等作业或建设成住人的生活平台、承担起重、铺管等作业的工作平台。

海上钻井四大金刚中的半潜式钻井平台有两个浮式状态，拖航时平台基本上都浮在水面，水浸到沉垫的顶附近。钻井或其他作业时平台下沉到图29-1中的立柱灰色和桔色交界线处。就是半潜状态。

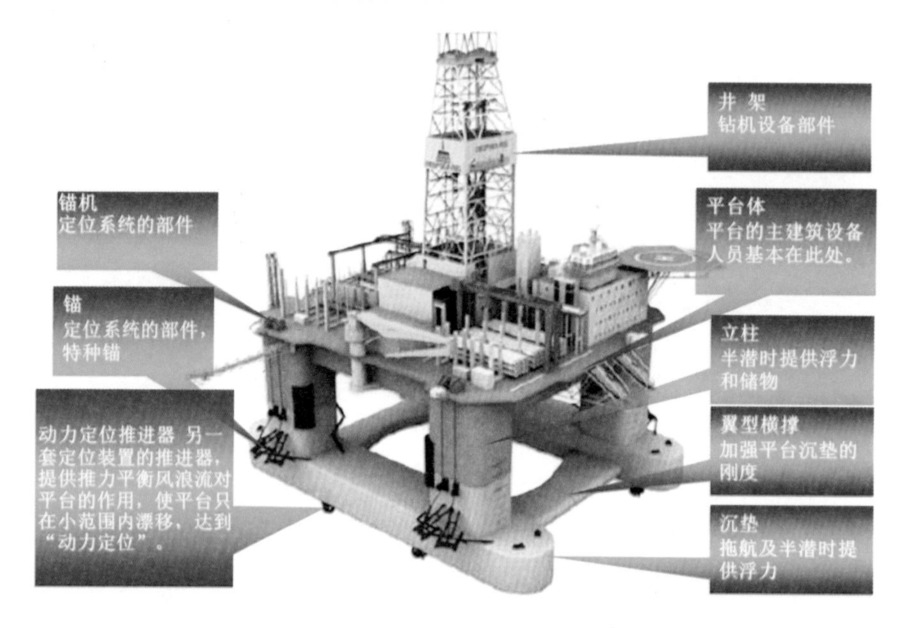

图29-1　半潜式钻井平台的组成部分

30　为什么称它为半潜式平台？

前面我们已经看到半潜式平台的组成示意，主要由平台体、立柱和沉垫（下浮体）三部分组成。半潜式平台的拖航（航行）时，装载的东西少（叫轻载状态），沉垫少量露出水面，这样拖航阻力较小，因为平台浸水的面积较小之故吧，如图 30–1 所示。

图 30–1　拖航中的半潜式钻井平台

作业时，半潜式平台装载了生产物资、淡水、燃油、人员之后（重载状态），沉垫和立柱的一部分没入水中，这样产生的浮力才能平衡整个平台的重量，使平台体浮在水面上，其底部距水面还要有一定的距离（气隙），如图 30–2 所示。从航行状态到作业状态的转换，看起来半潜式平台很大的一部分潜入了水下，但又不像潜艇那样全部潜入水中，造成一种“半潜”的效果，石油行业中才将这种平台称为“半潜式平台”。

图 30–2　半潜式钻井平台的作业状态

31 半潜式平台是浮体，在海上会动，要采取什么措施才能满足钻井要求?

半潜式平台与自升式平台不同，无论是航行时的浮起状态，还是半潜的作业状态，都是浮体。大家都有浮体在水面上是会动的印象，事实正是如此。

船舶性能研究把船舶等浮体在水中的运动分解为6种姿态，叫做6自由度运动——横摇、纵摇、升沉、横荡、纵荡和艏摇。坐在船上，很容易感觉到船摇摆，左右两舷的摇是横摇，船体前后的摇是纵摇，上下颠簸称为升沉（又叫做立摇或垂荡）。船还会漂移，横着漂叫横荡，直着漂称为纵荡，有时会漂得很远，一去不回。船摇头摆尾地扭就称为摇艏或艏摇。但是读者不要误会，以为船舶是按照描述的那样，一个一个式样地运动，事实上，它是又摇又漂又颠又扭、有6种样子自由地乱动，用专业的术语就是6自由度运动。把它“分解”仅仅是为了研究的需要。

这种状态当然不能满足钻井或采油生产的要求。船舶和石油行业的开发者用约束浮体运动的自由度的方法，把平台或船舶的位置控制住，这就是“定位”——海洋油气开发装备必须具备的性能。

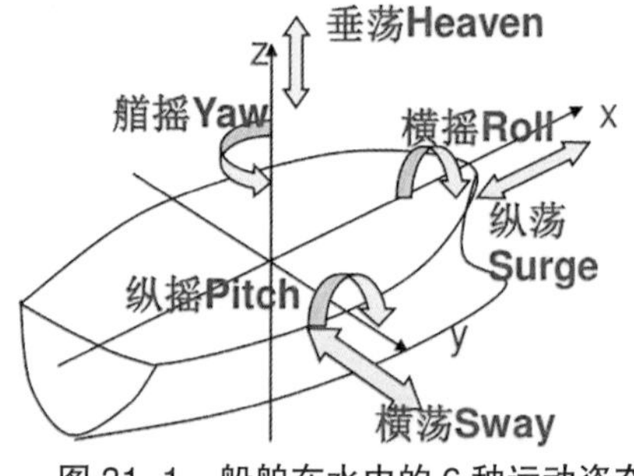

图 31–1　船舶在水中的 6 种运动姿态

彻底的定位是固定式装备，如导管架平台、自升式平台（升起作业状态）、坐底式平台（沉到海底作业状态），6个自由度全部约束住，“固定”了。完全满足钻井或采油生产的要求。目前石油行业研发的海上油气装备，已经能适应平台或钻井船等这样的浮体适度的运动环境而正常作业。主要是把漂得很远的纵荡和横荡运动约束住，把“定位”扩大到“控位”。至于对钻井和采油有影响的升沉（垂荡）运动，油气生产系统采用另外的设施（波浪补偿装置和张紧器装置）加以解决。周期性的摇摆用浮体性能的优化来控制。简单地说，浮式装备是采用平台（或船舶）等浮体的定位措施，以及油气生产系统的新技术、新设备来满足海上钻井或采油生产的要求，完成海上钻井、海上采油生产任务的。

32 半潜式平台的定位系统是怎样的设备?

半潜式平台的定位系统有两种：多点锚泊系统（或称辐射状锚泊系统）和动力定位系统。

多点锚泊系统通常以平台、船舶等浮体自身为中心，向四周抛出 8 至 16 个乃至更多锚及锚索系住浮体，以达到控制船位或在有限范围内改变船位的目的。

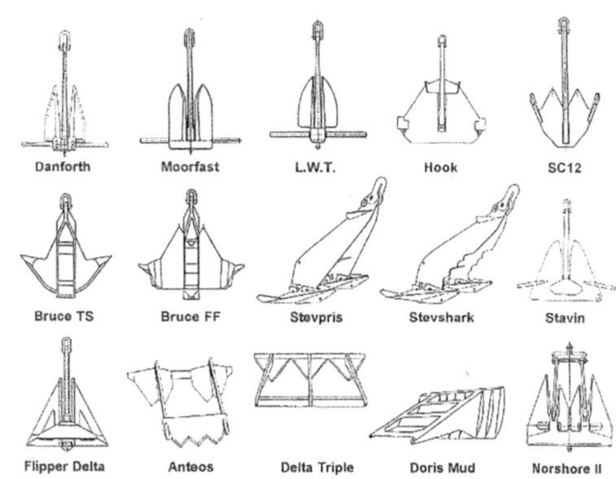

图 32–1　用于定位的锚

船抛锚大家很熟悉，船停下来要抛锚，否则船要漂走。但是船抛一个锚也不稳定，它会绕着锚点兜圈子。要各个方向都抛锚，才能把船各个方向都拉住，控制住。以前这种定位的不足是适用水深不超过 500m，现在技术进步，水深已达到 1500m，进入深海开发。

用于定位系统的锚可不是我们常见的船锚，而是特殊的大抓力锚。如果一个普通船锚重 2t，如图 32–2 所示，那么它抓住海底的抓力约为 5 ~ 6t；而 2t 重的史蒂汶锚的抓力就有 40t 左右。锚抓力越大，系统定位能力就越大。

动力定位系统是一种闭环的控制系统，简单地描述就是它采用许多推力器来为抵抗风、浪、流等作用在船等浮体上的环境力提供反向推力。其效果是在某一时间点，浮体上没有外力作用，理论上讲，浮体似乎会形成瞬时静止。但平台或船舶都是庞然大物，运动惯性很大，水又是有黏性的介质，所以浮体无论是在风浪流外力作用后的移动或推力器反向作用后的回位，都是有滞后的，是慢慢漂移的，绝不可能出现浮体像下了桩的平台那样，定在海面上，而是在一个小范围内慢慢地漂来漂去。以一种称为“动态平衡”的形式使浮体保持在海平面上要求的位置范围内，达到浮体定位的目的。由于浮体与海底没有实物的联系，系统与水深没有关系，因而设备成本不会随着水深增加而增加，在深海开发上前景无限。不足之处是功率较大的推力器在作业时要消耗大量的能源，经营成本很高。

图 32–2　普通的船锚

33 半潜式平台的优越性表现在哪里？它除了用于钻井还在什么领域应用？

半潜式钻井平台适用工作水深范围大，从 5m、60m 到 3000m，与自升式钻井平台相比大为扩展，成为需求日渐旺盛的深海钻探的主力装备。相比另一种深海钻探的装备钻井船，虽然都是浮式装备，但由于半潜式平台本身结构上的特点，它在海上作业时的稳定性好。机动性也优于自升式平台。因此半潜式钻井平台既能满足水深多变的要求，又能及时地移位，所以长期得到广泛应用，技术不断发展，已经建成所谓第六代新型钻井平台多座，如图 33–1，活跃于深海油气钻井勘探现场。

图 33–1　半潜式钻井平台的发展

由于半潜式平台在海上比较稳定，载重量大，甲板面积宽广便于布置，不仅可用于海上钻井，也在如采油生产平台、铺管船、海上起重船、生活平台、供应船、甚至军事都得到应用。随着海洋开发逐渐由浅水向深水发展，这类平台的应用将会日渐增多，诸如油气的贮存，离岸较远的海上工厂，海上电站等都将是半潜式平台的发展领域。图 33–2 是半潜式采油生产平台，图 33–3 是半潜式起重平台，图 33–4 是半潜式生活平台，图 33–5 为半潜船在运送美国的海基 X 波段雷达站（白球是天线罩）。

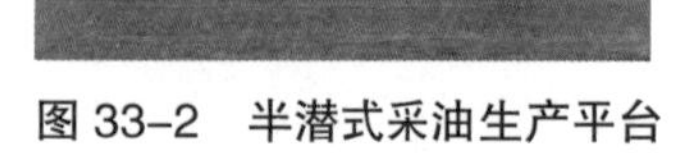

图 33–2　半潜式采油生产平台

图 33–3　半潜式起重平台

图 33–4　半潜式生活平台

图 33–5　海基 X 波段雷达站

34　钻井船是怎么样的船？有了平台钻井为什么还要造钻井船？

成功应用在海洋油气开发的其他类型装备，如自升式、半潜式、坐底式、顺应式、张力腿、立柱式等平台，都是逐步深入研发，适应需求和环境的结果。也是得益于技术、材料、制造工艺不断创新发明的结果。但是其研究设计、制造安装、作业过程等，都要克服许多难题，投入人力、物力资源非常大，所以海洋油气开发的早期，首先想到船型装备，但由于钻井船定位难而且不理想，甲板面积小难于布置，所以发展停滞过。随着船舶性能的优化、改善，动力定位的成功运用，新型钻井船又有了用武之地。

钻井船是人类向深海油气开发进军中首先使用的船型改装后的装备。一般都装有动力定位系统。理论上，作为船舶，水深是没有限制的，只要钻井设备能达到所需的作业水深，钻井船就能配合满足。目前作业水深 3600m 的钻井船已建成投产。

钻井船优缺点都有：机动性好、装载量大、能储油、补给成本低。但运动性能差，就是说定位状态比起其他类型的装备还不够稳定。虽然钻井船的运营成本高，但总起来看，仍是深海开发的有效装备之一。

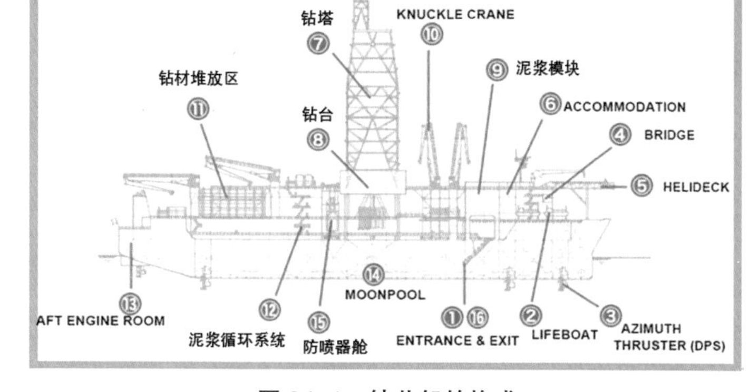

图 34–1　钻井船的构成

从图 34–1 可看出，钻井船基本上就是一艘船，只是加装了一些特殊设备如钻塔、钻台、钻材堆放区、泥浆循环系统及泥浆模块、防喷器舱等。

钻井船的船舶系统设备有：主船体、机舱、推进与动力定位系统、吊机、生活楼、直升机平台、桥楼等组成。钻井作业是钻井船的核心功能，因此钻井船的总体布置是以钻井设备、钻井材料为核心展开的，以最大限度地满足钻井作业流程为需求，提高钻井作业效率。

35 钻井船有哪些性能是自升式平台和半潜式平台所不具备的？

图 35-1　几艘先进的钻井船

钻井船采用船形的钻井装置，在满足船舶总体性能（包括满足了钻井系统所需的安装和作业空间且装载合理）的基础上，可以设计成具有很大的甲板装载能力（指装在甲板上的物资），可携带的钻杆、套管、油管、泥浆等钻井消耗品储备很大，可减少供应船的补给需求，从而降低费用和提高钻井进程。而自升式平台和半潜式平台的甲板装载能力受其形态性能限制不能太大。

钻井船具有较强的自航能力，船速也较快，机动性好，便于迁移至新井位。

如有需要，钻井船可以设计成能储存石油产品，并如同生产储油船那样，也能进行初步油气处理。其他移动式钻井装置如自升式平台、半潜式平台都不具备储油能力。

同时，钻井船的缺点也很明显，前面已经提到它不够稳定，就是在风浪中的摇摆和漂移都比较大，同是浮体，半潜式平台比较稳定。

钻井船定位和减摇要求高，能源消耗大，特别是深水钻井船，为适应风浪流大的作业海况，安装着大功率动力定位系统，能源消耗很大。

图 35-1 是几艘最先进的深海钻井船，作业水深 3000 ~ 3500 m。

36 坐底式钻井平台又是什么样的装备?

所谓坐底式平台是一种与自升式平台类似的移动式平台，但作业时“坐底”固定。平台或其他结构物，如果要固定，就需要与海底直接牢固地连接起来。这一般有两种方法：一是坐底，另一种是打桩。坐底就是将平台与海底直接接触，压在海床上再固定住（如采用防滑桩）。

图 36-1 世界第一艘坐底式钻井船（美国）

在有些文献中提到半潜式平台是由坐底式平台发展而来。人类开采石油是从陆上开始的，后来延伸到海上，先是海滩，浅海，慢慢走向深海。在海滩上可以堆土、夯土搭建类似堤坝那样的硬基础，钻探、采油；稍远一点则可搭建有桩支承的栈桥式基础。但水深再大，离岸再远，这些延伸办法工程量大，经济上行不通，就有了坐底式平台等活动基础的概念和实例。

图 36-1 为 1949 年建成的第一座坐底式平台。

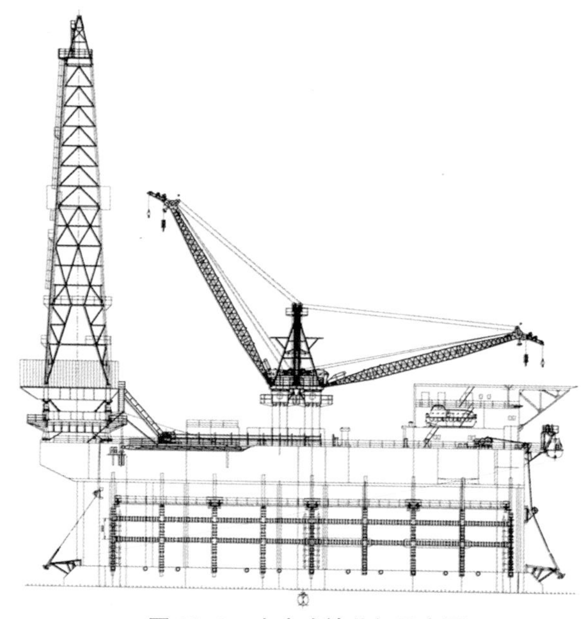

图 36-2 坐底式钻井船示意图

坐底式平台的构造与上述半潜式平台构造相同，由上平台体、立柱和沉垫（即半潜式平台的浮垫）组成。下潜到沉垫落在海床上，形成所谓“坐底”状态的固定平台，再施加一些沙土包、防滑桩之类的措施，以抵抗海流、波浪的冲击。

而移动坐底式平台轻载时是浮体，在海上拖航，到了井位后压载（加重量，一般是灌水）。缺点是作业水深不足，前面已简单地说过，钢结构的坐底式平台作业水深仅在 10m 左右；图 36-2 最下面的线条是海底面。

37　坐底式平台是不是只能在极浅的海边或海滩开发油气?

钢结构的坐底式平台的工作水深只有 10m 左右，是只能在极浅的海边或海滩开发油气。但是还有一种重力式混凝土平台，它的构造原理也是坐底式固定平台，却是作业水深 300m 左右的采油生产平台，如图 37–1 所示，广泛地应用在北海的挪威海域。这种平台的承载能力大，抗磨损和抗腐蚀的特性好，承受火灾、爆炸的能力强，坐底的沉箱可用来储油，这是很大的优点，其他类型的生产平台，受到有限的可变载荷的限制，一般都不具备储油的能力。

从重力式混凝土坐底平台的效果图（图 37–2）与示意图（图 37–3）来看，它们有如下一些特点。

图 37–1　坐底式平台

图 37–2　坐底式平台效果图

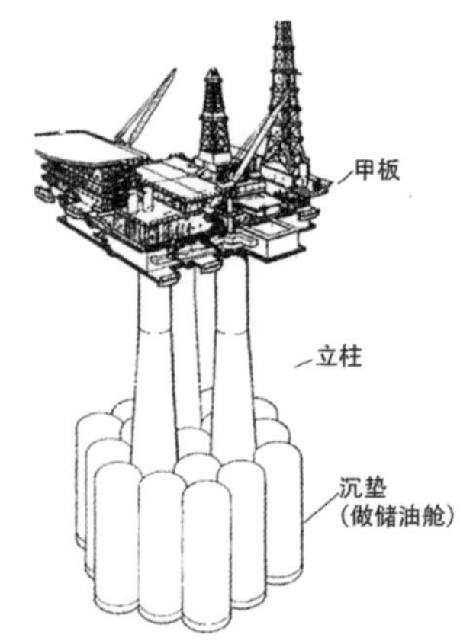

图 37–3　坐底式平台示意图

➢ 这种平台能在 300m 中深度海区坐底，全靠它好几根又粗大又长（高）的大直径的钢筋混凝土结构柱体，使平台总高比钢结构坐底式平台大大提高，在 300m 的海区下能沉底坐稳，上能伸出水面，形成固定式作业环境。

➢ 大直径的钢筋混凝土结构柱体结构，作为受压杆件，它的结构稳定性较好，可以选取较大的长度，提高平台总高，也就提高了平台的作业水深。

图 37–4　拖航中的坐底式平台

➢ 但是这种平台体量庞大，设计技术难关多，制造、安装、拖航都是巨大的工程项目，需要动用 7 至 8 艘大功率海洋拖船才能安全拖航，如图 37–4 所示。

38 除了自升、半潜、坐底式平台和钻井船之外，还有哪些装备能钻井？

图 38-1 钻井作业中的自升式平台

我们前面已介绍的 4 种移动式钻井平台都是钻井勘探阶段使用的装备。除了勘探阶段，在采油生产阶段也需要钻井，而这 4 种移动式钻井平台也能承担其中一些生产井的钻井任务。但是生产平台已建成后，移动式钻井平台来钻井不一定合适，主要是布置问题；而且调度运输一座钻井平台在时间、费用上都有问题，绝非易事。所以除了一些简易的井口平台（没有装设钻井设备）以外，生产平台都要装设钻井设备，自己来钻井。图 38-1 就是一座自升式平台为井口平台在钻井。

一些常用的采油生产平台都装设了钻井设备，能自己钻井，建设油井。以下几个问题将一一解答这些采油生产平台的什么？为什么？怎么样？

先列出它们的名称：

➢ 桩基式导管架固定平台。这是世界上建设最多的采油生产平台，已建成数千座，有些已被拆除。图 38-2 是一些导管架平台（包括最深 412m 的 Bullwinkle 平台），与一些当时高大的（这些导管架平台建成之时）、现已老旧的著名建筑物的高度比较示意。

➢ 半潜式生产平台。

➢ 顺应式牵索塔平台。

➢ 张力腿平台 TLP。

➢ 立柱式平台 Spar。

➢ 混凝土重力式坐底平台。

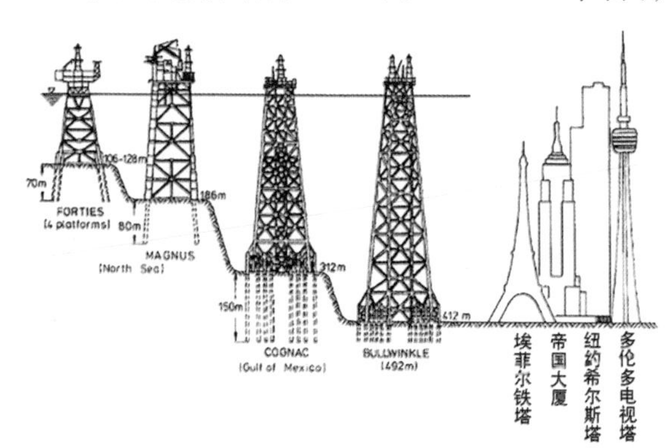

图 38-2 一些导管架平台与世界著名建筑高度对比

39　什么是固定式平台？

固定式平台的全名是桩基式导管架固定平台，是以打桩为基础的海上固定式建筑物。海洋油气开发装备中，能处于固定状态作业的还有自升式平台、坐底式平台，但它们本质上是移动式建筑物，可以搬迁。只有导管架平台是真正意义上的固定式建筑物，从建成起就在原地作业，直到任务终结被拆除。

导管架固定平台是 300 m 深左右（最深 492 m）使用得最多的生产平台。

导管架平台的功能：采油、气，油气处理，钻井，修井等。

导管架平台的组成：主要是打桩固定的导管架基础和上部厂房建筑，包括生产的车间，采油采气生产的主要设备采油树和管道系统，钻井系统，发电站，各种公用设施如水、电、通信、救生、消防等，人员生活住舱及配套设施。

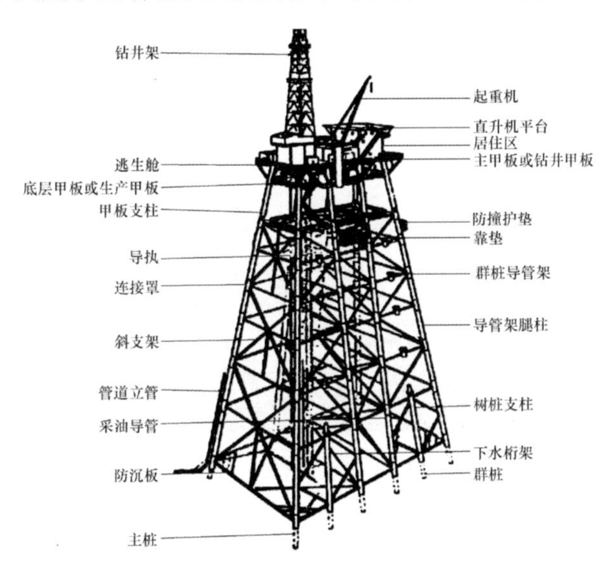

图 39-1　固定式平台的组成

图 39-2　固定式平台

导管架平台的特点：状态稳定、安全，能全天候地作业。是理想的海上采油生产的基地，因此被大量建造，是海洋油气开发的主力装备。唯一的缺点是适用水深有限制，不能进行深水作业。

40 导管架平台是怎样固定在海底的?

导管架固定式平台需要支撑的钢结构架即导管架，下端固定在海底，上端伸出水面连接上平台体。导管架的功能主要有两个：一是给安装着生产设施的上平台体提供支撑并保持稳定；二是支撑和保护油井的部件。导管架与海底的固定，常用 3 种方法，这也成了不同的桩基固定平台的型式。

➢ 多桩式平台。多桩式平台是预先在海上打好多根桩，然后在桩上拼装平台甲板与设备。这与码头及早期采油的栈桥结构类似。由于在海上的工作量大，施工难度大且受海上环境的影响常常停工等待，施工期长。现已很少被采用。

➢ 桩基式导管架平台。桩基式导管架平台是用钢桩固定于海底的。多数导管架的钢桩穿过腿柱（导管）打入海底，桩与导管架腿柱之间的间隙灌浆固结。并由若干根导管组合成导管架。另一类导管架下部有裙桩套筒，桩插入裙桩套筒并捶打入土，桩与裙桩套筒之间的间隙灌浆固结。导管架先在陆地预制好后，拖运到海上安放就位，然后顺着导管（或裙桩套筒）打桩，桩是打一节接一节的，最后是环形空隙里灌浆，使桩与导管（或裙桩套筒）连成一体固定于海底。这种海上施工工作量较少且施工较为可靠。桩基式导管架的整体结构刚性大，能适用于各种土质，是目前最主要的固定式平台。但其尺度、重量随水深增加而急骤增加，所以深水使用时经济性差。

➢ 腿柱式导管架平台。桩基式导管架平台由于杆件多，间距小，如在冰区作业，不利于流冰的移动，导致整个平台易受冰挤压，受力状态恶化。腿柱式导管架平台减少杆件数量。采用 4 腿柱或更少。撑杆很少，甚至在潮水浸没长度内不设撑杆，流冰顺畅，冰对腿柱挤压减小，受力状态改善。腿柱的直径较大，每根腿柱内打若干根桩，油管组件也设在腿柱内。这种结构刚性不及桩基式导管架，但适用于冰区。

图 40–1　导管架平台

41　为什么说导管架平台是油气生产的主力装备？

从近代海洋油气产业发展及现状看，1947年，美国在离路易斯安那岸边29km的6m水深的海上，建起了在岸上工场预制的双层甲板钢管结构平台“Superior”号，如图41–1所示，标志着当代海洋油气产业的开端。此后，随着设计制造安装技术的不断创新和提高，特别是通过导管打桩的固定式平台（即导管架平台）的诞生和发展，也由于海上石油开发的高潮到来，20世纪60年代到世纪末建造的7000余座海上平台和装备中的绝大多数是导管架固定式平台，安装水深也不断增大，如图41–2。水深350m以内的海上采油平台几乎都是导管架平台，如图41–3。

图41–1　预制的双层甲板钢管结构平台“Superior”号

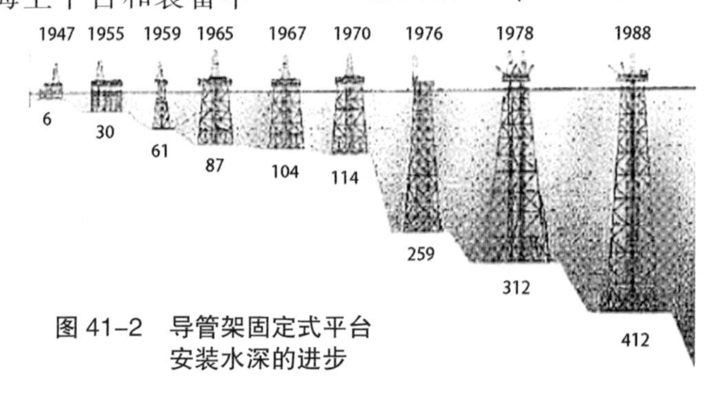

图41–2　导管架固定式平台安装水深的进步

从技术上看，导管架平台是理想的海上油气生产装备，而海洋油气产业的最终使命就是采油（采气）生产。当然导管架平台不能解决深海油气开采，从产业的前瞻性看，必须有新型的装备来填补深海油气开发的需求。但是从生产现状看，目前还是浅海（水深500m以内）的海洋油气生产占主导地位。

图41–3　作业中的导管架平台

总而言之，至少在目前和不远的将来，导管架平台仍是油气生产的主力装备。

42　导管架平台有什么优点与缺点?

导管架平台最大的优点是它的稳定性。海上油气开发需要稳定的工作区域是由其作业特点确定的。

人类到水面上去钻井勘探、开采石油，是从陆上延伸下去的。据历史文献记载，先行者如美国、委内瑞拉、前苏联都是从岸边搭建栈桥到水上，或在水上打桩后搭建平台装上设备进行作业，如图 42-1。因为钻机钻塔是作业链的一端，一节一节接起来的钻杆钻头经过海水到达海底土层，是作业链的另一端。作业链的运动是转动和上下直线运动，常识告诉我们，这样运动组合的作业链两端最好是固定不动。但当时人们认为，作业链两端只能固定。搭建栈桥到水上，或建造打桩平台就是基于这种认知。

图 42-1　早期使用的导管架平台

到了离岸更远处的作业，这两种办法都行不通，于是桩基式导管架固定平台应运而生。它在海洋石油前半期的 400m 以内浅海开发中大展身手，也证实了它的优越性。

但是，导管架固定平台的缺点是在深海油气开发的进程中暴露出来了，其尺度、重量随水深增加而急剧增加，所以深水使用的经济性差。导管架平台能在多深的海中站住，全看其导管架结构有多高，导管架受力状况很复杂很恶劣，结构件越高，受力越急剧增大。为了能承受外力，要制造得很强大，这样钢材使用量也急剧增加，加上制造、运输、安装等的费用增加，因此说它的经济性差。

图 42-2　世界最大的导管架平台 Bullwinkle（水深 412m，重 49375t）

43 半潜式、自升式平台能够成为油气生产的装备吗?

让我们先回忆一下，油气生产装备需要什么条件：

➢ 要能在设定的环境条件下提供一个相对稳定的作业平台，说相对稳定系指可以“定位”的浮式系统。

➢ 要设置钻井系统和设备，因为采油生产阶段也要钻井和建设油气井。

➢ 要设置采油系统和设备。

➢ 要设置油气处理系统和设备。

➢ 要设置产品原油或天然气的储存和向外输出的系统和设备。

经过海洋油气产业发展的实践，一套装备要承担全部油气生产的需求，虽然做得到，但是在工程上、经济上都不是最佳方案。实际上是采用装备群来分工承担的。装备群分工组合有多种形式，根据具体情况确定。

自升式平台作业时能升离水面而呈现固定状态，满足环境要求。有钻井系统和设备。改装加装采油系统和设备问题不大。但后两项系统和设备所需的安装空间和重量指标（船舶设计师形象地把安排装船系统设备的设计称为分房子和分粮票），一般自升式平台很难满足。所以自升式平台改装成能钻井和采油的生产装备是可能的，但不经济；新设计自升式生产平台不是个好主意，也没有实例。

半潜式平台虽然是浮式装备，稳定性差一点，但有两种定位方式可以应用，能满足钻井及采油生产的要求。也因为是浮式装备，可以做得大一些，也就是“房子、粮票可以大一点、多一点”，因此能设置钻井、采油、油气处理系统和设备，能改装成油气生产装备，也能新设计成半潜生产平台。它还有比导管架平台优越的性能，能在深海进行油气生产。我国南海的流花11–1油田的生产装备群中，采用了一座半潜式钻井平台改装的半潜式生产平台“南海挑战”号，因为水深320m，当时没有条件采用导管架平台才选用了这个方案。图43–1就是“南海挑战”号半潜式生产平台。新设计的半潜生产平台以巴西石油公司采用最多，技术也最先进。

图43–1 “南海挑战”号半潜式生产平台

44 导管架平台、自升式平台为什么不能在深海中工作?

讨论这个问题之前，我们先来看几幅撑杆跳高的照片。在欣赏运动员精彩技术、惊险动作的时候，是否注意到那根撑杆的形状?

在运动员体重的压力下，撑杆压弯了，像女运动员那样，差不多压成了90°。从力学的角度看，撑杆是一种受压杆件，与受拉杆件不同，它在受压的时候会有变形失稳（压垮）的问题，如果材料的截面不够大，在还未压断时就会产生较大的变形以致被压垮。碳纤维制成的撑杆，直径约30mm，重压下弯成这样而不断，全靠碳纤维的高强度特性。强度从字义上来解释可以认为是材料坚强的程度，碳纤维的强度是钢的10倍左右。

图 44-1 撑杆跳高所依赖的高弹性撑杆

导管架平台、自升式平台的整体构造是：长长的导管架结构或桩腿插在海底，顶上压着重重的上平台，正是一种受压构件。受压构件有一个特性，杆件越长稳定性越差，就是说这两种平台用在深海中会失稳垮塌。解决的办法：一是使用高强度的材料制造，二是加大杆件的截面。目前钢是最合适的材料，那么能不能使用上述的碳纤维呢？且不谈是不是造得出，就是费用也承担不起。一根撑杆重量不超过2.5kg，售价人民币5000元以上；钢材1吨5000多元。导管架或桩腿所用材料量非常大，如用碳纤维制作，造价将惊人地增加，这样采出的石油要卖多少钱才能够成本！

加大杆件截面就意味着用材料增加，重量增加，费用增加。水越深，增加得越多，而且构架自身的重量也是压力，水越深，构架自重也越大，反过来又会要求截面再加大，如此恶性循环，致使构架的高度必定有一个限度，否则工程上就行不通。换句话说，导管架平台、自升式平台的使用水深是有限的，照目前的材料和技术的水平，导管架平台的工作水深在500m以内，自升式平台在160m以内。

45 什么样的装备叫做顺应式平台?

顺应式平台的开发和发展是随着海上油气开发逐渐向深海推进而出现的。深海油气开发的过程中，在水深 2000 m 范围内发现了油气资源，移动平台（如钻井船、半潜式平台）当时由于其不稳定状态难以满足深水作业的要求，固定式平台（如导管架、自升式、重力式平台）随水深增加其自重和工程造价大幅度上升，水深最多到 492m。这就迫使人们开始探索新型深海采油平台，顺应式平台的概念随之被提出。

所谓顺应式平台或顺应式结构，是利用牵索、张力腿、万向接头等构件，对浮体结构物在外载荷作用下产生的 6 个自由度的运动加以某种限制与约束，以满足定位与运动要求的半固定式结构。也就是说，既不许它又摇又漂又颠又扭地乱动，又不是紧紧地固定住不能动，而是在风浪袭来时稍许让一让，顺应外力而动，化解了部分外力，改善受力状况，因而“腿”可以做得长一点，站得深一点。

如由甲板室、塔体、牵索系统 3 部分组成的牵索塔平台。塔体是一个类似于导管架的钢架结构，塔是顺应式的，随波、流作用稍微移动，斜置牵索的系泊系统能对塔体提供足够的复原力，使其保持垂直状态，设计允许塔体的倾斜在 2° 以内。图 45-1 是牵索塔平台原理及实例，图 45-2 是实例牵索塔平台的示意图。还有一种顺应式的铰接塔平台（图 45-3）。

这两种平台型式在发展过程中被更好的顺应式平台，如张力腿平台所取代。

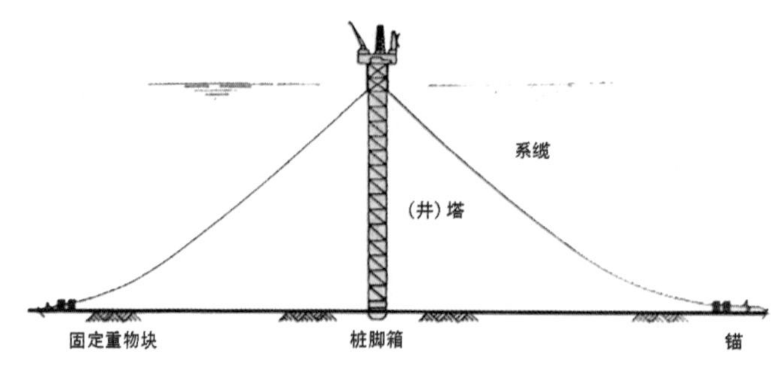

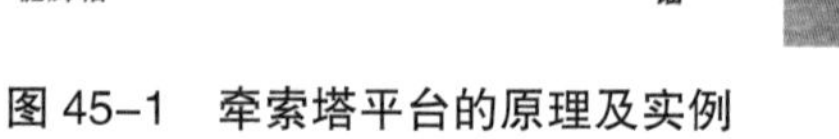
图 45-1 牵索塔平台的原理及实例

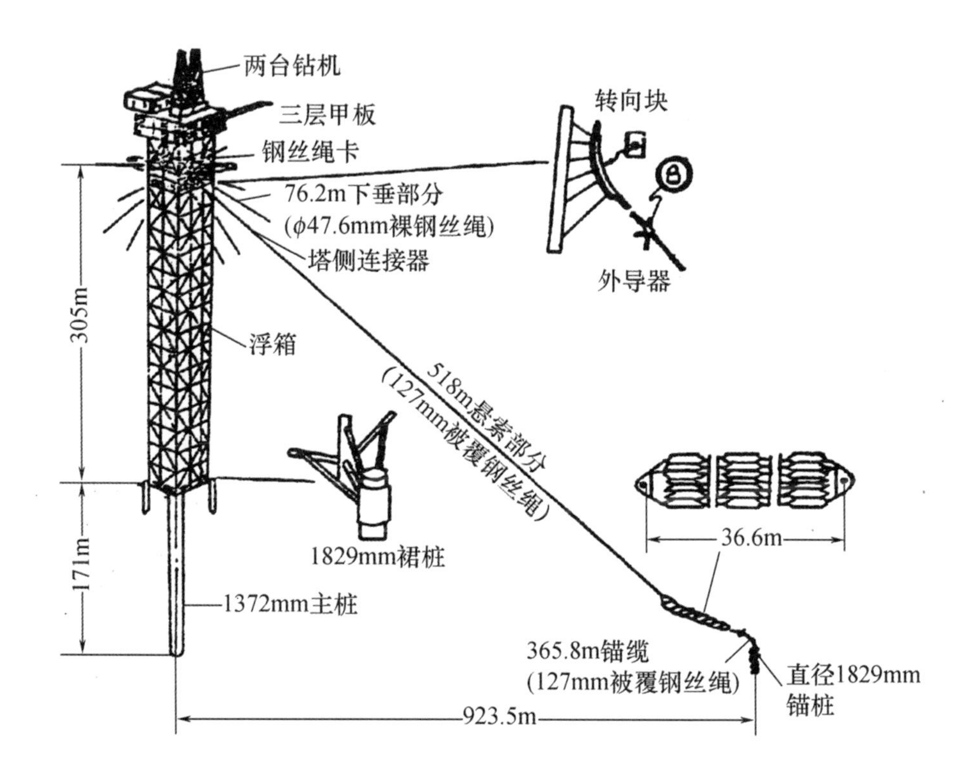

图 45-2 实例牵索塔平台的示意图

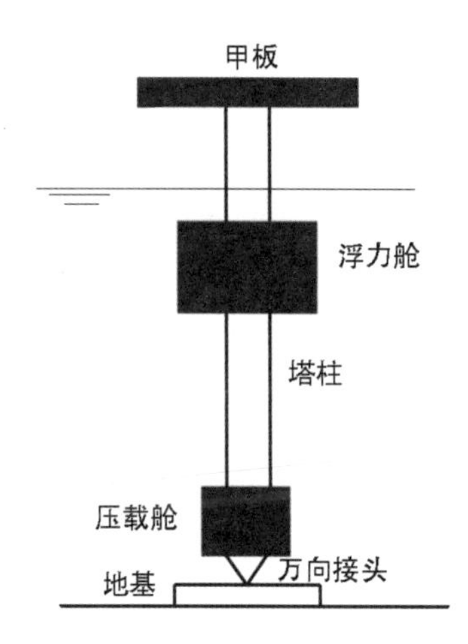

图 45-3 顺应式的铰接塔平台原理

46　张力腿平台是什么样的装备?

张力腿平台（TLP）是应用较多的一种顺应式平台。它借助于几组钢管或钢缆张力构件垂直地系结于海底锚锭重块以实现定位，平台体结构型式类似半潜式平台，运动性能处于半顺应半刚性之间。

➢功能：采油、油气处理、钻井、修井等。

➢组成：主体结构（上平台、立柱、浮箱、上部功能模块）、张力腿系泊系统、海底基础。

➢特点：张力腿始终处于受拉状态，因此工作环境平稳安全，工作水深大。

➢使用水深：500 ~ 1500m（简易型：1000m）。

➢类型：现在应用的张力腿平台有4种。图46-1为传统式的世界上第一座TLP；图46-2为所谓延伸式TLP。图46-3为简易型的一种，单柱三腿的海星型。

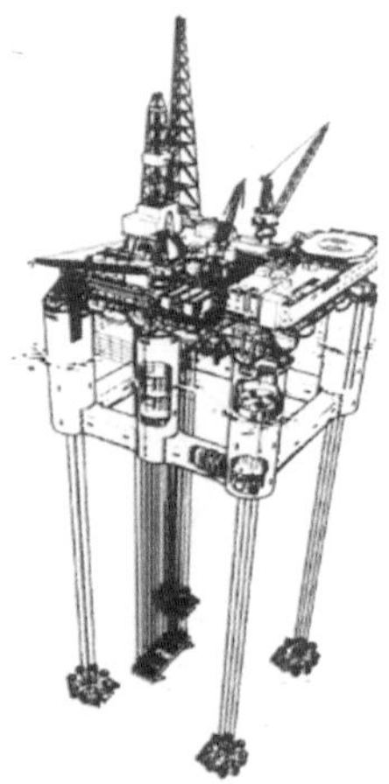

图46-1　世界上第一座张力腿平台

图46-2　延伸式张力腿平台

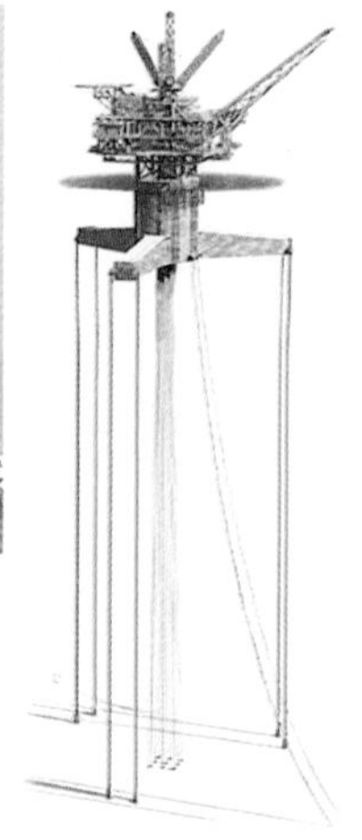

图46-3　简易型张力腿平台

47　张力腿平台的张力从哪里来的?

张力腿平台的设计思路是：通过自身的结构形式，产生大于结构自重的浮力，浮力除了抵消自重之外，多出的剩余浮力作用在平台下垂直张力腿上，使张力腿始终处于受拉的绷紧状态，使其永远承受着与剩余浮力相等的预张力。这使得平台的横摇、纵摇较小，没有垂荡。一般就说张力腿系统刚性较大，对油气生产比较有利。

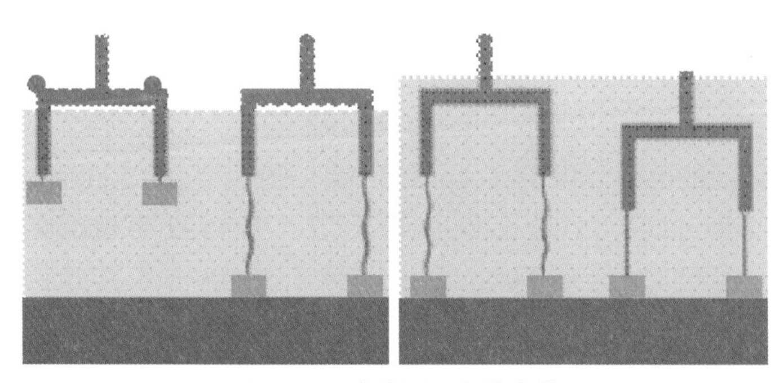

图 47–1　张力腿平台的安装

然而问题就来了。从初中物理我们就学过，某一物体在水中浮力等于重力。张力腿平台造好后下到水里，成为浮体，也是浮力等于重力。那么，张力腿平台巨大的剩余浮力是怎么来的呢？让我们来看看图 47–1（从左到右）。

➢ 平台底部挂着张力腿和基础拖航。

➢ 到了安装位置后放下张力腿和基础，直到基础接触海底，注意平台底部挂着的“张力腿” 构件设计长度是小于此时从平台底部到海底距离的。所以，张力腿构件要连上一段导索（或引绳），导索的另一头连在平台上可调节长度的设备（例如绞车）上，只拉住，不拉紧，因此，张力腿构件是松弛的，只承受着水中的自重，没有其他张力。

➢ 此时，开始调整平台的吃水和导索的长度，在调整时导索要时时刻刻与平台体“制动”住。调整浮体（平台）吃水最好的方法是压载，即往浮体舱室里灌水，灌了水后平台就因重量增加而下沉，使吃水增加；吃水一旦增加，浮体排水体积就增加，也就是浮力加大，达到了新的平衡。

➢ 等到达到了设计剩余浮力相对应的吃水值，正好达到设计长度的张力腿也能与平台体牢固连接住，此时张力腿还只承受自重。

➢ 最后一步是将刚刚灌入平台舱内的水排出，由于张力腿的约束，平台的吃水不再减小，即浮力不变，而排水后的平台总重量逐步减少，使浮力大于重力，产生了剩余浮力。

48　立柱式平台是什么样的装备?

立柱式平台（Spar）又称单立柱平台，是 20 世纪 80~90 年代兴起的一种深水采油（生产）平台。Spar 在船舶专业词汇中，原指柱状物，如桅杆、帆桁。Spar Buoy 指杆状浮标等。

➢ 功能：采油、处理、钻井、修井等。

➢ 组成：主体圆筒、平台上体及功能模块，浮力系统，锚泊系泊系统。

➢ 特点：在深水环境中运动比较稳定，安全性好，采用缆索系泊，便于拖航、安装，比张力腿平台造价低。

➢ 使用水深：678 ~ 1646m

➢ 类型: 已经建成投产的有三种类型，如图 48–1。(1) 传统长圆柱型，(2) 桁架型，(3) 多圆柱蜂巢型。图 48–2 为建成的传统型 Spar 平台，图 48–3 为其长圆柱本体。图 48–4 和图 48–5 分别为桁架型和蜂巢型的效果图。

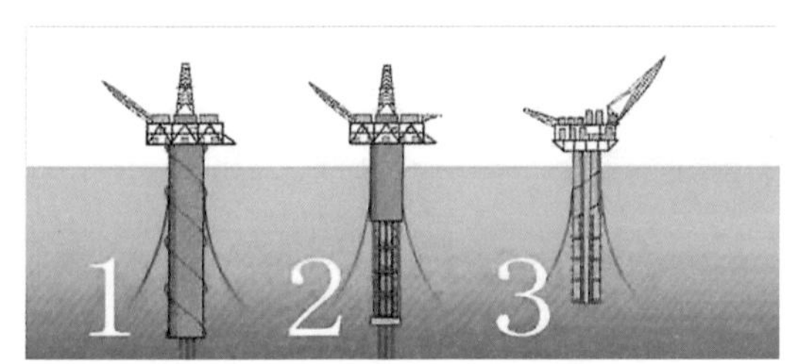

图 48–1　三种类型的立柱式平台

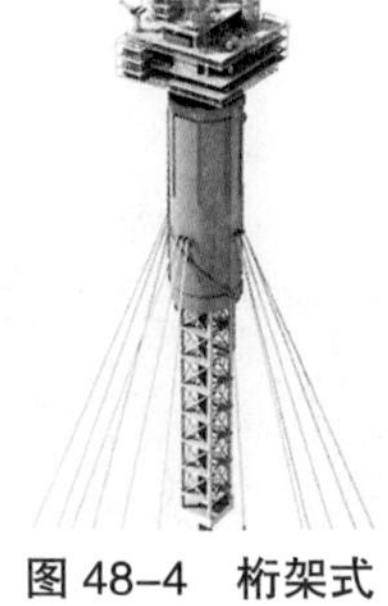

图 48–4　桁架式立柱式平台

图 48–2　传统圆柱型立柱式平台

图 48–3　传统型 Spar 平台长圆柱本体

图 48–5　蜂巢型立柱式平台

49 立柱式平台在海中为什么能保持直立状态?

回答这个问题，让我们先看看不倒翁。我们小时候都玩过不倒翁吧，憨态可掬的老头或者萌娃，笑嘻嘻地站在你面前（图 49–1），你推一下，它好像倒下去了，但马上又摇回来，摇来摇去就是不倒。图 49–2 则是用不倒翁原理创作的柱型文具。

图 49–1　不倒翁玩具

物理书本告诉我们：上轻下重的物体比较稳定，也就是说重心越低越稳定。当不倒翁在竖立状态处于平衡时，重心和接触点的距离很小，即重心很低。偏离平衡位置后，会产生反向的恢复力矩，把它推回原位。因此，这种状态的平衡是稳定平衡。所以不倒翁无论如何摇摆，总是不倒的。大家可能注意到，图 49–3 的不倒翁型文具与我们上面介绍的立柱式平台圆柱体有几分相像，那么把它放到水里，如果它是一个浮体的话，是不是稳定的不倒翁呢?

图 49–2　不倒翁原理的文具

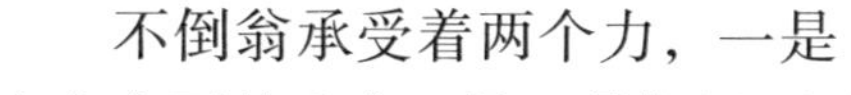

不倒翁承受着两个力，一是方向向下的重力，另一是搁置面对不倒翁的支持力，大小相等方向相反。不倒翁歪斜后之两个力组成恢复力矩。放到水里后，受力变成浮力和重力了，也是大小相等方向相反。

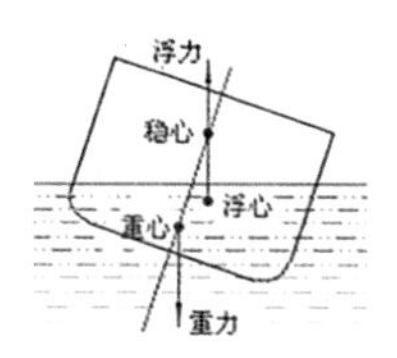

图 49–3　重心与稳定性关系示意

而我们知道重心低于浮心是船舶等浮体保持稳定的基本要求，所谓浮心简单地说是浸水物体形状的几何中心，被看作是浮力的作用点。

换句话说，重心低于浮心的浮体也具有不倒的特性。立柱式平台圆柱体的重心远低于浮心，是稳定的浮体，所以它能像不倒翁一样，垂直悬浮于水中，稳定地保持直立状态。

50　找到油气储藏决定建设油田后，要做哪些超级工程?

建设油田，形象地说法就是：海上起高楼，海底建管网。

经过物探、钻探联手找油气，找到油藏分析资料，研究油藏开发方案，进行资源评价、工程评价和经济评价。评价油藏值得开采后，进入油田开发的第三阶段，油田设计建设阶段。

油田建设的主要任务都是高技术、高难度、高投入的超级工程：

➢ 首先是生产井钻井完井，建成采油管，这是建设油田的核心任务。

➢ 优选合适的采油生产平台，建设平台。

➢ 包括平台装备大件运输、安装就位并定位在海底。

➢ 吊装上部结构和生产等设备。

➢ 敷设海底输油等管线和电缆等。

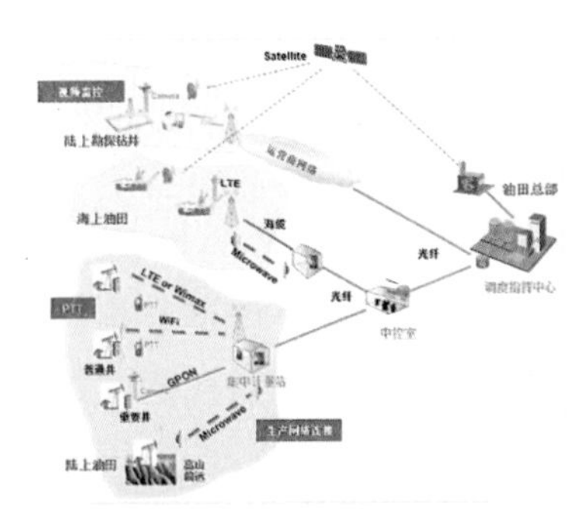

图 50–1　油田建设规划示意

图 50–2　油田钻井及补给

图 50–3　吊装上部结构

图 50–4　油田管道示意

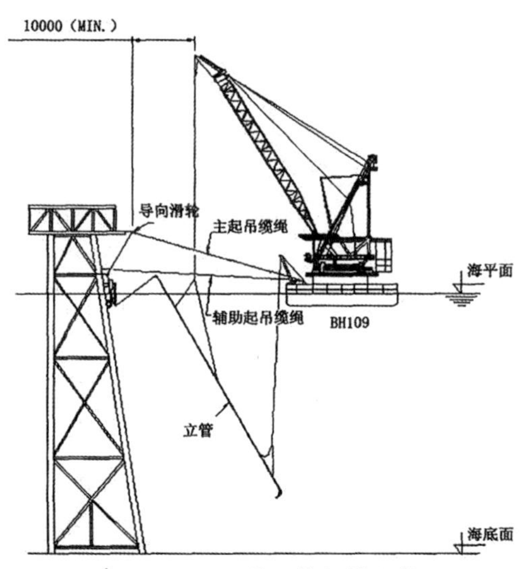

图 50–5　吊装导管架的立管

51　怎样解决超大型设备的运输?

海洋开发装备都是在陆上工厂（一般是大船厂）制造，移动式的装备如自升式、半潜式平台和船型装备，可以停泊在母港或基地里，有任务时航行到海上现场。

固定式装备，也就是油田里要用的装备，必须在油田所在海区建设好。第一步就是要从制造厂运输到油田，这绝对是革命性的超级工程。因为海洋开发装备都是超级大家伙，几千吨上万吨，而且不可拆分。能力最大运输方式的是船舶海运，但常规的船舶海运无能为力，要造更大的船才装得下，这还好办，船已经能造得很大，最困难的是装卸。

经过努力探索和实践，解决了难题，人们研发的半潜运输船成了大构件，甚至平台整体运输的最佳装备。另外，大型海工专用甲板驳也能承担部分大构件运输任务。半潜运输船实际上是半潜装卸运输船，图 51–1 中分别显示这种船运输半潜平台整体、自升平台整体、立柱平台的立柱整体、导管架整件。

右上图中的半潜运输船正在浮装，中间橘红色的方形构件是某个大型平台的部件，浮在水上。半潜运输船已半潜入水，只露出 5 个上层建筑物，在 3 艘拖船的牵引下，方形构件已经到位，下一步船舶将会起浮，固定结构物。

图 51–1　半潜运输船及装载的各种超大件

52 半潜装卸是怎么一回事？

就是半潜运输船特殊的半潜状态下装卸。由图 52–1 已经看到，半潜船体当中好像切掉一大块，布置了很大的一块装载甲板。装卸时，船舱里灌水，船体下沉，装载甲板沉没到水下，如图 52–2，水面上只露出船首和几块像岛一样的建筑。这时就可将浮在水面上的大件物体或装备，用拖船拉到半潜船甲板上，如图 52–3 那样，半潜船排水，甲板渐渐浮起露出水面，此时自升平台也就装到半潜船甲板上了。图 52–4 是半潜运输船的浮卸。

图 52–1 拥有装载甲板的半潜运输船

大件运到目的海区后，船舱里灌水，船体下沉，装载甲板沉没到水下，装在船上的大件浮起，这时用拖船把运来的大件拉出半潜船甲板区之外，浮卸就完成了。对于不可拆分的大件，其他装卸办法都无能为力，读者不妨想一想，还有什么高招吗？

图 52–2 准备装载的半潜运输船

图 52–3 半潜运输船的浮装

图 52–4 半潜运输船的浮卸

53 导管架用什么办法下水和扶正?

图 53-1 需要拖航的导管架

我们已经知道，导管架是固定式平台赖以在海中屹立的基础，它一般是长度很大的空间结构件，在陆上造船厂躺着制造。造好后要放到水里，与造船一样，叫下水，然后运到油田海区选定的位置,把它竖立起来,最后打桩固定。

在造船厂建造导管架时与造船体一样，是在船台上的支座上搭建，造完后用设计好的方法下水。

图 53-1 就是在船台上的导管架，造完即将下水（或拖到下水驳船上）。

下水后的运输有两种方法，一是把管件的口都封住，利用导管架本身的浮力形成浮体，用拖船将其拖航到目的地，如图 53-2。

图 53-2 导管架的拖航

由于导管架拖航的困难，现在此法只用于油田海区的位置微调，运输导管架基本采用下水驳（图 53-3 的右下图）或半潜船。

图 53-3 显示导管架到位后用注水办法使其自行竖立，但一般是边注水，边由起重船协助扶正坐底。

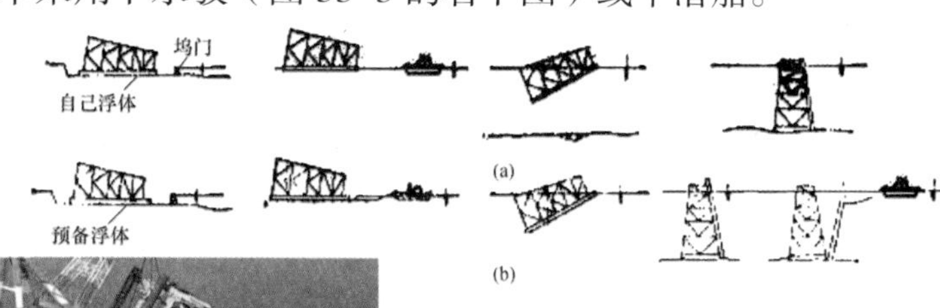

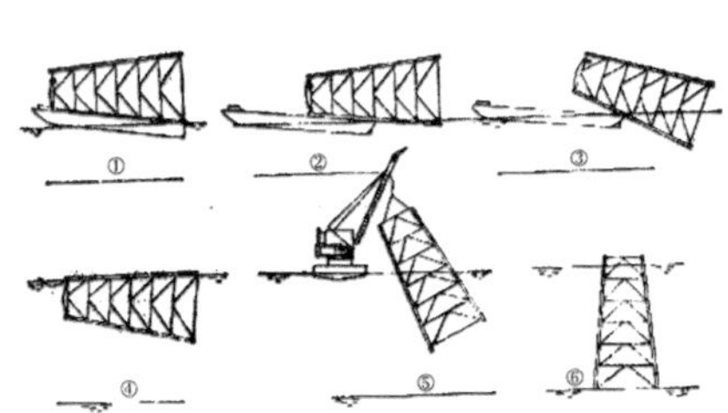

图 53-3 竖立导管架的过程

54 导管架的名称与其打桩操作有什么关系?

导管架英文名称是 jacket，这是一个大家熟知的名词，原意是一种西式外套，夹克衫。因其轻便大方又不失风度，式样多，不论贵平、老少、俊男倩女、职别、场合均能穿着。一种流行百余年的大众服饰，怎么会与固定平台这样的庞然大物扯上关系呢?

因为jacket是多义词,除解释为衣服外,还有“套在外面”的意思,延伸到技术上,诸如套筒、套管、气缸套、防水套等均可应用。

前面已介绍导管架发展的轨迹，开始是按照建筑码头的施工方法，先在海上打桩，然后把平台架在群桩上固定。但是，海上打桩非常困难而且施工周期长，浅水还能勉强凑合，水深时别说打桩，长长的桩柱如何下到海底预定位置都很难办到。经过不断地探索改进，应用并发展了“打桩导轨”的施工方法，与导管架结构巧妙结合，开发出从导管架的若干根主干管中下桩、打桩，最后用水泥等材料填充管道与桩柱之间环形间隙加以固定的施工方法。这些主干管既是导轨，又是套管，好像是桩柱的外套一样，于是得名“jacket”，我们译作“导管架”，是强调了它对打桩的引导作用。

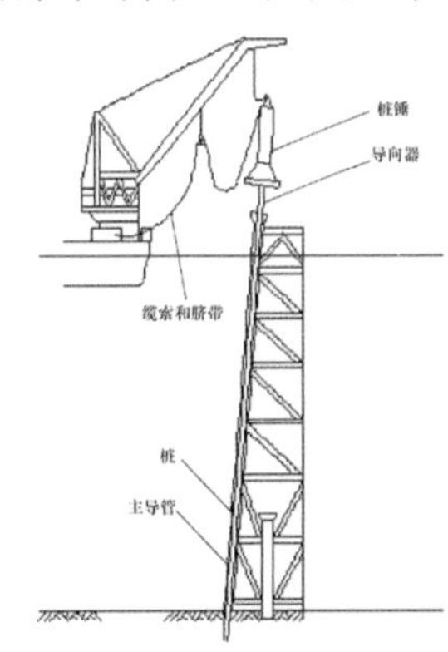

图 54-1　从导管架中打桩的示意图

55 什么叫做模块？

先来看一张图，这是采油生产平台上部结构的示意图，见图 55–1。从前面对各种钻井或采油装备的组成的介绍，基本上就是两大部分，一是装备本身的结构体，二是它承担任务的设备系统群。以导管架平台为例，如果将导管架平台比作在海上进行采油生产的一座工厂，上部钢结构体好比厂房，厂房内有安装着各种设备的车间（各种功能模块）、管线、电缆、仓库、通道、操控室、办公室；还有工作者的生活区间。上图中列出了居住舱模块、生产模块、动力源模块、公用模块、井口模块、泥浆和钻井辅助模块等。

模块是一个独立的设备系统，一般不装设动力源，与安装使用它的油气开发装备的联系叫做接口，根据不同的功能模块而有所不同。

➢ 居住舱模块：提供平台上工作人员的居住和生活，输入电、水、食品、信息、通道、安全保障等；“输出”的是操作平台运转的人员的工作。

➢ 生产模块：在此例中主要是油气处理生产，输入作业用的电、水、气等能源，待处理的井流及所需的材料介质等，输出的是处理完成的商品原油。

➢ 动力源模块：一般都是发电站系统，输入的是发电用的柴油或 / 和天然气（双燃料发动机）水、气等，输出的是电能。

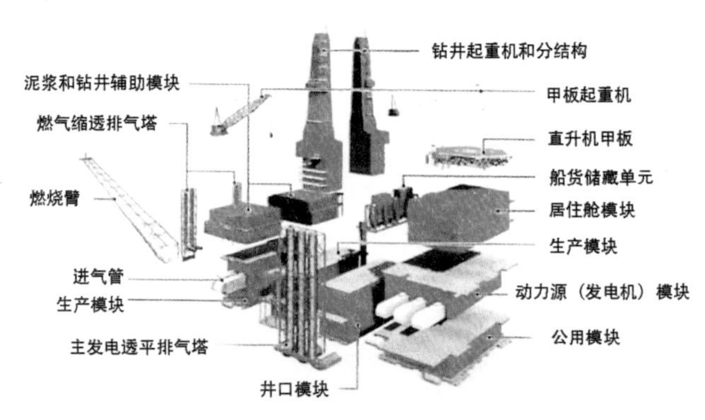

图 55–1　采油生产平台上模块示意图

➢ 公用模块：供给装备上各个设备使用的生产用水、生活用水、蒸汽、压缩空气的车间，输入的是电能和原介质，输出的是各种生产、生活的介质。

➢ 井口模块：是油井的井口采油树，用以采集海底油藏的井流和 / 或天然气并输往油气处理模块。这是装备的核心功能模块。

➢ 泥浆和钻井辅助模块：钻井时加压输送泥浆及其他辅助介质，输入电能和原介质料。

56　模块越做越大带来了什么问题?

从对各种装备的构造可以得知，导管架平台、张力腿平台、单立柱平台、井口平台等固定式、顺应式、浮式平台承担任务的设备系统群都以“模块”的组合体安装在上部平台体中。它们是在装备本身的结构体，或者称为基座已经在海上固定后，再使用大型起重船进行海上吊装。由于起重船浮体的摇摆、飘荡，海上吊装十分困难和危险，要等待好的气象条件，作业时间很短，就像一个窗口那样，称之为“好窗口”。所以要抓住时机，在“好窗口”中尽快吊装，尽量减少吊装的次数。从另外的角度上考虑，任务设备系统的结构、设备、管线多而且复杂，要在陆上工厂或基地制作、预先装配成模块化构造，尽量一次吊装到基座上。这样模块的重量就很重，而且越来越重，因此带来了要求海洋工程用的大型起重船的起重量也越来越大的问题。迄今为止最大的起重量已达到 14200t（两台 7100t 起重机）。

目前，我国已在研发起重量 16000t 的起重船；国外专用浮式起吊装备更是向 28000t 迈进了。

超级重的模块还带来了对模块本身的刚性要求。由于模块自重和吊绳集中负荷的作用，大尺度大重量的模块钢结构处于另外一种吊装受力状态，与安装固定后正常作业的受力状态不同，而且更加危险，因此，必须经过专门的吊装设计和局部加强。

图 56–1　专用起重船起吊大型模块

57 大型、超大型起重船是什么性质的船舶?

图 57-1 各种大型起重船

起重船是一种比较“古老”的工程船，它的起源是水上运输的需要。船舶运输有一个环节——装卸，从船舶到码头，从码头到船舶的搬运商品，都需要起吊和运送。如果是在水域转驳装卸，或者对船吊装设备、重物（如在水上的修船、改装）等，就要用到一种专门的工程船——起重船。它的主要特征是在船上装设了起重机，在水上吊运重物为其主要功能。

源于内河、港区水上装卸的起重船，近几十年有了很大的发展，其趋势是：

➢ 起重船使用的领域，逐渐转向海洋工程。

➢ 起重船趋于大型化，原因是起重量需要的大幅度增加，从几十吨增到几千吨。

➢ 起重船的作业水域从港区、内河进到海上，也就是海洋开发中常说的离岸（Offshore）。

➢ 起重船的多功能化，除起重外，兼顾铺管、打捞、潜水作业等。

根据装设在其上起重机的类型对起重船进行分类。起重船上常用的起重机有：回转起重机、扒杆起重机（又称臂架变幅起重机）和动臂起重机等。这几种起重机搭载在不同的船舶平台上，就成为起重船的船型。一般都是单船型起重船，个别超大型起重船的搭载是半潜式平台，装设两台超大型起重机。

58 建设油田“海上起高楼，海底建管网”中的建管网又是什么超级工程?

油田从海底下开采出来的矿物质称为井流，含有石油和天然气；经过处理后是原油和天然气产品，都是流体。

流体最好的流通渠道是管道，又以圆形管道为最佳。这里有材料、力学以及制造工艺上的优点，在流体产品及粉状产品中都有广泛应用。

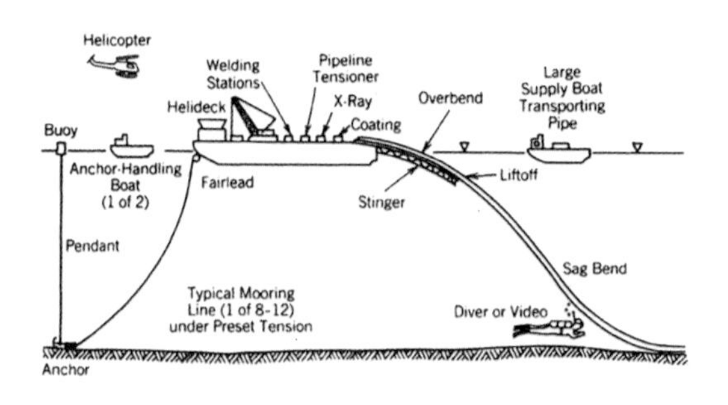

图 58–1 S 型铺管

海上油田在钻井及采油过程中许多环节有流体流动，需要铺设管线。而油田的设备系统群分布在不同的位置，如果相隔很近，管线可以沿着水上结构铺设，施工方便，维修管理也方便；但设备系统有时相隔数千米、数十千米，就必须铺设海底管道。

另外，油气产品的输出，特别是天然气的输出，海底管道也是一种有效的方案，高产稳产的油气输出海底管道长达数百千米甚至更长。

铺设海底管道堪称超级工程，油气用管道口径（管子的内圆直径）一般从 6in 至 60in（即 150mm 到 1.5m），管子壁厚可达到几十毫米，因此管道重量较大。

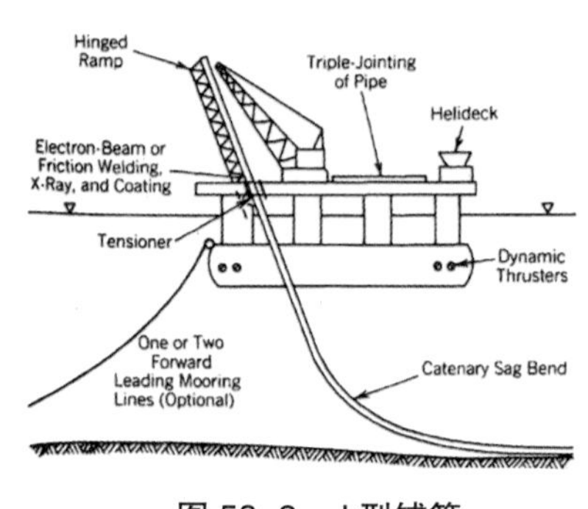

图 58–2 J 型铺管

钢管供应是 10m 左右一段的产品，除了小口径的管道或软管可在陆上连接制作，到海上直接铺设外，管道是在专门的装备铺管船上焊接连接起来，再一段一段地铺设下去，并且不是直接搁在海底土层上，而是要挖沟（铺设前或铺设后）把管道埋在土层里，以资保护。因为管道输送油气固然很好，但风险也很大，如果泄漏轻则污染海洋环境，重则造成事故；如果管道破损，油气大量溢出更是重大的灾难。

目前常用的海底管道铺设方法有三种：

S 型铺管、J 型铺管和卷筒铺管。

以图 58–1 示意的 S 型铺管应用最多。

J 型铺管是用于大口径海底管道铺设的施工方法，如图 58–2。

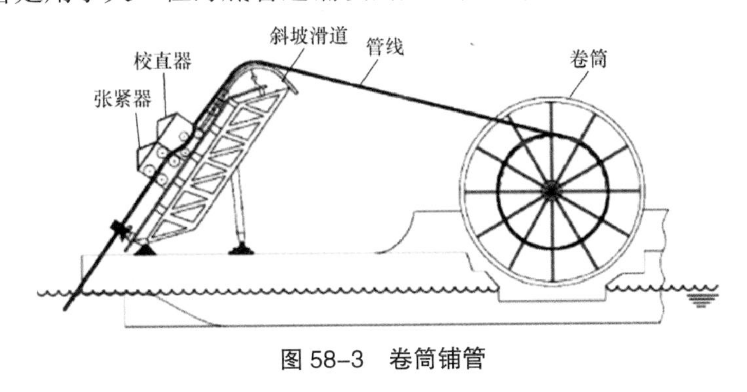

图 58–3 卷筒铺管

这两种铺管方法都是上述的边焊接边铺设的施工。而图 58–3 是卷筒铺管法，用于整根的小口径的管道或软管的铺设。

59 用什么装备来铺设海底管道?

铺设海底管道的专门装备是铺管船。早期浅水的铺管曾使用依靠锚索牵引移船的铺管驳船;现代铺管船,大多是动力定位的自航铺管船,铺设深度达到3000 m,铺设管道的口径达到60in(1.5m),作业的自动化程度很高。

图 59-1 S 型铺管船及工作示意图

最常用的S型铺管船如图59-1,就像是一个钢管焊接工厂,船上有管子堆场,大型铺管船钢管堆场容量几千吨。铺管设备有滚轮输送及对中系统、搬运吊机、张紧器及收放(A/R)绞车系统、行车系统、焊接系统、托管架系统、铺管控制系统、无损检测系统、涂敷系统等。管段在船上的铺设线上经过多个焊接站一层层堆焊,焊成一根管线,再经无损射线探伤检验,涂敷上防腐、保温、防水的涂层,随着铺管船向前移位,包敷好的管道线就一段一段地沿着装在船外的托管架滑入水中,逐步铺设到海床上。图中船尾伸出长长的结构件就是托管架。

图 59-2 J 型铺管船

铺管船一般都是船型的。有半潜平台型,装备大型起重机,也可以承担海上起吊。它的铺管线放在下层甲板,托管架也设置在上平台体以下。图59-2是J型铺管船。它本身是一座半潜平台型起重装备。图59-3是卷筒铺管船。

图 59-3 卷筒铺管船

60 深水多点锚泊定位系统的安装需要采用什么装备?

多点锚泊定位系统是浮式海洋油气开发装备常用的定位装置。使用广泛，特别在 300m 以内的浅海更甚。以前的不足是不能在深水中使用。但近 20 年来，随着技术的进步，深水禁区已经逐渐突破，目前已能在 1000 ~ 1500m 的深海的各种钻井和采油生产装备的定位系统中采用。

深水锚泊系统除了本身在技术、材料、设备、控制上的巨大发展以外，在海上安装方面也需要先进的技术和强大的设备支持。我们已经了解锚泊定位系统主要组成部件是大抓力锚、锚索、锚机，锚机安装在平台或船舶上，大抓力锚要固定在海底土层里，锚索牢固的连接在锚机和大抓力锚之间。多点则是有多套锚泊系统。我们常听到船舶抛锚的说法，不错，普通船舶就是松开锚链把锚放到水里去的，说抛也可以，但是深水锚泊系统不是到了固定点把锚放下去就行，1000m 以上的深水，锚放下去会落到什么点？是不是我们要固定的点？还有拴着锚的锚索至少 5000 ~ 6000m 长，它们会不会绕成一团？所以浮式生产设施的深水锚泊系统是要用特殊的装备——多功能水下工程船来进行锚泊系统的安装、检测和修理的。这种船舶具有吊装和安装深水 / 超深水水下结构物（如：采油树、水下管汇、跨接管、控制模块等）的能力，最大工作水深 3000m。还能支持饱和潜水系统、水下机器人 ROV 的作业以及拖带、挖沟、平台供应。

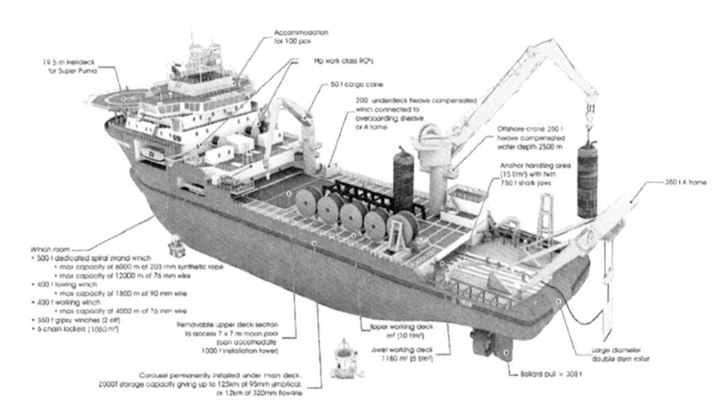

图 60-1 多功能水下工程船

图 60-1 所示的一艘多功能水下工程船的效果图。它具有强大的水下作业能力。它的这些设备的性能参数大家可能没有概念，只告诉诸位，在此行业内，绝对是顶级的巨人。

- 起重量 400t 的 3000 m 深水单绳起重机
- 500t 拉力锚支持 / 拖拉绞车
- 400t 拉力拖曳 / 作业双卷筒绞车和 200t 拉力双卷筒（门架）收放绞车
- 船舶的拖带力 308t。

61 海洋油气开发过程中的补给、供应用什么装备实施的?

海洋油气开发过程中的补给、供应犹如建设大军的物资和粮草供应，俗话说兵马未动粮草先行，也是海洋油气田建设超级工程之一，任务很繁重。钻井或采油生产所需的物资是数量巨大的消耗品（诸如钻杆、钻铤、隔水管、大小套管、泥浆、土粉、石灰石、重晶石、水泥、钻井水、探井设备、固井设备、完井设备等），平台、船舶等作业装备自己能带的远远不够，要及时补给供应，还有人员的给养（食品、淡水）也不能断供。这种补给、供应是使用一种称为“三用拖船”的专用平台供应船实施的。它是海上装备的物资保障系统，犹如战斗部队的后勤部门，海上油气开发中不可或缺。图中三用拖船分别为混凝土平台（图 61–1）；自升式平台（图 61–2）；以及钻井船，如图 61–3，分别提供补给服务。

为什么说这种补给供应也是超级工程呢？因为它是非常困难，风险极大的工作。三用拖船进行物资补给，先要靠泊平台，然后才能实现装卸作业。靠泊方式应考虑靠泊作业安全的要求，一般采用船首抛锚、船尾带缆、船尾靠泊平台的靠泊作业方式。靠泊装卸是很困难、很危险、技术要求高的海上作业，受天气、海况的影响很大。如果气象条件比较恶劣，如风大、浪高、流速快、流向不利，不适合抛锚、带缆，那就要采用不抛锚不带缆的“机动靠泊平台”作业，就是“动力定位”的方法，即使这样拖船的摇摆对起吊装卸也是很困难、很危险的工作。

图 61–1 对混凝土平台补给供应

图 61–2 对自升式平台补给供应

图 61–3 对钻井船补给供应

62 海洋油气开采生产和应用是怎样进行的?

油田开发的第三阶段，设计及工程建设完成后，进入开发油田的第四，也是最后阶段，也是我们的目的，开采海底油气宝藏。海底油气储藏构造，犹如一个个海底聚宝盆，我们千辛万苦，以坚忍不拔的意志，费劲聪明才智，寻找宝库，打造一条条数千上万米的油井巨龙直插聚宝盆，并在海上建起一座座雄伟的平台，连通油气生产、储存、外运密如蛛网的海底管道。现在是万事俱备，只欠东风，一旦开启采油系统的阀门，沉睡海底千年的黑金及其亲兄弟天然气就被油井巨龙吸出，按人们的意志流向下一步的流程。

开采出来的流体，行业中称为碳氢井流，经过油气处理，油流进入储存容器。这种经过处理的油品称为原油，可进入市场销售。原油经过炼油工序，提炼出汽油、煤油、柴油和重油等，进入千万个用户。天然气一般通过海底管道输送到陆上处理工厂，处理后成为燃气进入用户。原油还可以输入石油化工企业，作为石化工业的原材料，生产出石化产品，制造出五花八门的工业品和日用品，成为人们时时刻刻离不开的伙伴。

图 62-1 是采油出口的阀门组，俗称圣诞树或采油树，我们把它看作油被采出来的象征。图 62-2 是大家熟知的加油枪，我们看这幅漫画，想到的是开采海底聚宝盆后带来的巨大的财富!

图 62-1 采油出口的阀门组

图 62-2 加油枪

图 62-3 显示了海底油气的开发及应用过程。经过开采，图中左上的钻塔象征采油；输进图中左下的表示海上平台的油气处理；输出黑色粗线表示原油，图中间的设备有炼油功能，将原油炼成燃料。还有发电功能，燃料烧锅炉发电，输出黄色粗线表示电能，输进了图右边的千家万户。图中左下的海上平台有一个燃烧臂，正在燃烧的油气处理过程中不得不处理掉的天然气。开采出来的井流一般都含有一些天然气，处理过程中要分离出来，但较长时间内却只是烧掉。所以大家如果看到过海上生产平台或照

片，都有一个高高伸出平台外的火炬塔，最前端的火炬在采油期间一直在燃烧。这是因为气体体积大，储存困难，不处理又有危险，出于无奈只能白白浪费掉。其实有一些办法可以利用，但要看需要与投资。如果井流含气量大（有些就是气田）而且油田距岸边气储存地不远，则可建设海底管道直接输出天然气。油井离岸太远，输气管道建设成本高时，可将天然气深度冷冻成液体，用日益发展的 LNG 船运出，如图 62–4。另外采油装备上的电站原动机使用双燃料系统，可以燃烧天然气驱动发电机发电。

图 62–3　海底油气开发及应用过程示意图

图 62–4　运送深度冷冻天然气的 LNG 运输船

总之，海上油气开采生产的过程就是：①从地下油藏处把油气开采出来，这流体称为碳氢井流；②将井流经过处理，分离杂质成为商品的原油或天然气；③将原油储存到容器中；④将原油商品外输，输出路径有海底管道，生产储油船，以及穿梭输油船（天然气一般用海底管道直接输出）。

63 油田装备群的组成是什么含义？

已经完井并装设了采油树的油井、安放油井的平台或船型装备、油气处理的系统设备、油气流通的管道系统、外输油气的接口（就是我们以前见过的类似码头的泊位、管道接头阀门等设施），就组成了油气田装备系统，又称为装备群。

油气田装备群有多种组合形式，功能大同小异，规模各不相同，目的只有一个，要有效地把海底油气宝藏开采出来、分离处理好、储存、外输。

图 63-1　海上油气生产流程示意图

图 63-1 的“海上油气生产流程示意图”描绘了海上油田最主要的装备及其最基本的联系管网。安装在生产平台上的油井管线从平台下入海直通油气储藏层，将油气井流开采出来，在生产平台上进行油气处理、分离后，以三种方法（生产储油船—穿梭输油船、输油船舶、海底管道）将原油输入陆地终端，再输往炼油厂。天然气通过管道输往陆地终端，再作商业处理输到最终用户。图上示意的生产平台是导管架固定平台，实际使用的还有：混凝土坐底式平台、半潜式生产平台、张力腿平台、立柱式平台、牵索塔平台等。油气处理系统除了上述平台上装设外，使用不装设油气处理的导管架平台或简易的导管架井口平台加上生产储油船（图上的 FPSO）组成生产处理系统，这是我国目前油田主流的生产装备系统。

64 怎样理解油田装备群有多种组合型式?

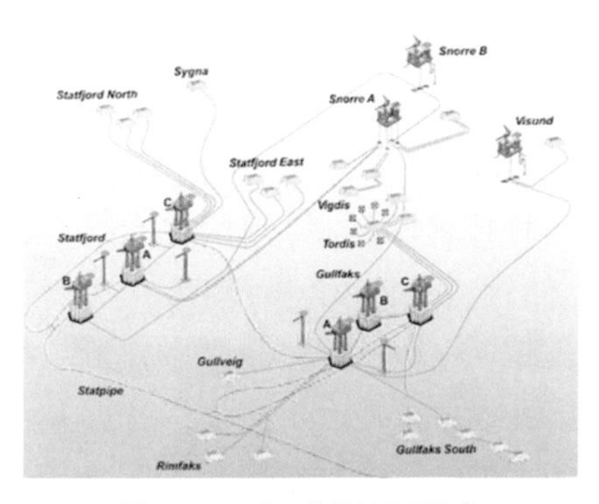

图 64–1 挪威某油田示意

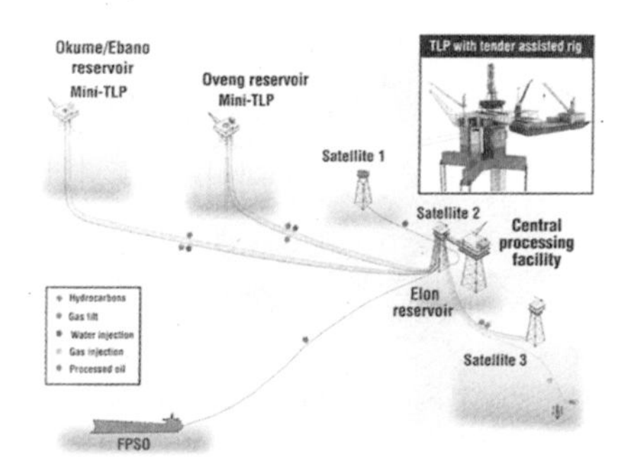

图 64–2 西非赤道几内亚某油田示意

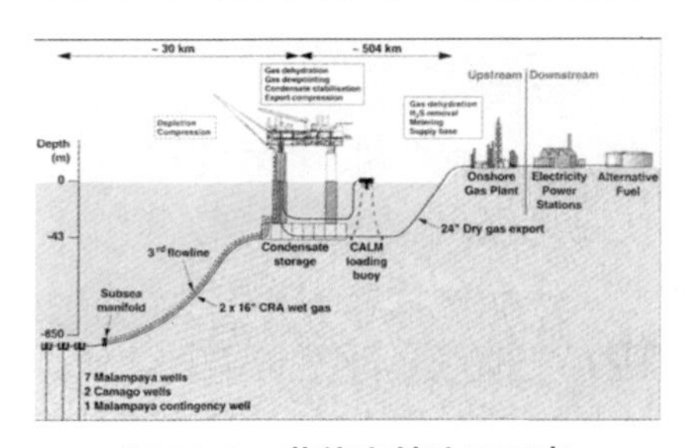

图 64–3 菲律宾某油田示意

我们把海底油气储藏比作聚宝盆，那么油气田装备群系统就是开启聚宝盆取宝的钥匙。世界海上油田成百上千，由于油田海区环境、水深、油气成分、产量、投资、技术的不同，油气田装备群系统肯定是多种多样的。前面已说过，只要能采油，各种组合都会各显神通。举几个例子，但油田这么多，跑马也看不过来，且慢！我们是在海上，不能跑马，那就驾着摩托艇之类的飞舟，浏览几个海上油田吧！

图 64–1 是挪威某油田的布置示意。它有 6 座混凝土坐底式平台、两座半潜式生产平台、1 座张力腿平台。采用了水下生产系统，简称"水下井口"，就是油井管采油树安装在海底，不通到平台上。采用海底管道外输油气产品。

图 64–2 是西非赤道几内亚某油田。它的采油平台有 1 座导管架中心平台、3 座导管架井口平台和两座张力腿平台。采出的井流经中心平台处理后原油输往图左下方的储油轮中，由穿梭输油船靠泊外输。

图 64–3 是菲律宾某油田，它有 1 座混凝土坐底平台采油，水下井口。天然气由管道输出，原油由穿梭输油轮靠泊在单点系泊浮筒上转驳运走。

65 产出油气的采油树（圣诞树）设备有哪几种类型?

图 65–1 采油树

前一题说明两处油田采用了水下井口，即水下生产系统，包括油井、井口头、采油树、接入的油管和操纵设备。

海上开采的早期，水深较浅，生产系统（简称油井）都是通到平台上，便于接油管等操作和管理，这种油井系统又称为“干井”。

后来随着油气开发水深的快速增加，在成本、技术进步等因素的综合作用下，水下井口开始被采用。它的井口头、采油树都在海底浸在水中，又被形象地称为“湿井”。使用湿井设备可以降低深海平台的投资，也能减少干井那样跟着平台受灾害天气的影响，可靠性高。但操作必须通过脐带缆索远程遥控，比干井复杂得多，无论系统、设备、操控都是高技术。图 65–1 是采油树和水下采油树的效果图；图 65–2 是装设了水下生产系统的油田装备群示意图。

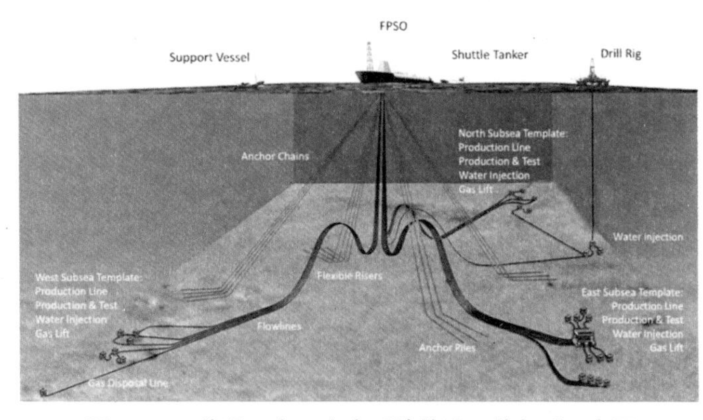

图 65–2 装设了水下生产系统的油田装备群示意图

66　开采出来的油气流为什么要进行处理？

前面已经介绍，油井从地底下开采出来的流体，行业中称为碳氢井流，含有油、天然气、水、泥水以及其他杂质，先要经过油气处理，清除掉杂质，分离油、气、水、泥，然后进入储存容器。这种经过处理的油品称为原油，可进入市场销售。油气处理装置称为油气处理系统，各种生产装备中都会设置，系统方案及规模主要取决于井流的成分、品质、产量。

油气处理基本上是物理过程。其系统设备与陆上油气处理装置大体相同，相当于一座陆上的油气生产加工厂。包括油、气、水分离系统、计量系统、污水处理系统和火炬燃烧系统等。其用途是：处理成合格原油后储存在舱内；处理生产污水，部分达到作业标准的用作油田注水的水源，其余的达到排放标准后排入海中；分离出来的天然气，除供船上锅炉燃料外，通往燃烧臂的火炬中烧掉，后来有了双燃料发动机，又可作为电站的燃料。

与陆上油气处理装置不同的是海上油气处理系统总体布局更加紧凑，安全规定更加严格。工艺流程在确保顺畅的同时，重要模块的布局要顺应海上装备运动，并留有维修空间。具有比陆上集成化更高、配置更完备的自动化控制系统。图 66–1 中装船运往海上装备的油气处理系统模块和生产储油船上的油气处理系统，都可见其复杂、紧凑布置的情况。

图 66–1　海上油气处理装备

67 生产储油装置是什么样的装备？

生产储油装置，一般称为生产储油船，是海上油气开采生产装备群中的一环，承担对采出的井流进行油气处理、原油储存、外输等任务。行业内又称它为FPSO或FPSU，是其名称英文词的起首字母的拼接，F是浮式，P是生产但不包括采油采气，只是油气处理生产，S是储存，O是卸载，也就是外输；另一名称中的U是装置单元的意思。

图 67-1 浮筒 / 缆绳组合定位

大家看了前面的问题，知道海洋油气装备一定要有定位装置才能作业，生产储油船的定位装置颇有特色，是一种称为单点系泊系统的设备，图67-1的照片中的浮筒 / 缆绳组合和图67-2上的浮筒 / 轭架组合就是两种称为单点系泊系统的组成部件。

图 67-2 浮筒 / 轭架组合定位

生产储油船开发早期，都是用在浅水中，主要是单点系泊定位装置的适用水深有限，目前技术飞速发展，生产储油船已能在2000m深水使用。比起其他采油生产装备，生产储油船的优势在于储存和外输。它是由超级大油船改装或按照大油船的模样设计的，载重量非常大，世上最大的生产储油船，载重量34万t，我国自行设计建造的生产储油船，载重量30万t，这是其他采油生产装备望尘莫及的。因为它是船型装备，在海上使用穿梭输油船来转驳外输，比较可行和有经验（图67-2中生产储油船后面系泊住的就是穿梭输油船）。而其他刚性定位的平台，使用穿梭输油船来转驳外输，靠泊是又困难风险又大的作业，基本上是不可行的。

68 单点系泊装置是怎样定位的?

既然生产储油船的定位是依靠单点系泊系统来定位的，好奇的读者马上就会问：那么，单点系泊系统是怎样定位的呢？先来看看什么是单点系泊。

在整个生产储油装备中，最具特色，也是技术含量最高，设计、制造、安装、作业中难点最多难度最高的设备应该算系泊系统。我们看到生产储油船的进步，如作业水深的增加，完全取决于系泊系统技术的突破。

所谓单点系泊定位，即生产储油船用一个锚泊点系住。其原理与船舶抛一个锚相同，它能约束生产储油船与锚泊点的距离，却允许生产储油船转动，即单点系泊装置都装有可 360° 转动的部件，其上的系泊桩柱就会带着被系泊的生产储油船一起，绕着锚泊中心点转动。实际上生产储油船在风浪流和锚泊点拉住的作用下，会自动转到受力最小的方向。单点锚泊系统本身的定位措施有锚固定（除大抓力锚外，还采用桩锚、负压锚等），海底基础、浅水系统也使用导管架。对于生产储油船的各种作业，在单点系泊的定位下，能够满足要求。

最早开发的单点系泊系统是悬链锚腿系泊系统，现已很少使用；目前使用较多的是技术更完善的软轭架式系泊系统、内转塔式系泊系统、外转塔式系泊系统，安装水深达到 1500m 以上，是该项装置的最新成就。前页的照片即为悬链锚腿系泊系统。图 68-1 为软轭架式系泊系统，它系住的生产储油船正在向一艘穿梭输油船外输原油；图 68-2 为软轭架（水下）式系泊系统；图 68-3 是内转塔式系泊系统；图 68-4 是外转塔式系泊系统。

图 68-1 软轭架系泊系统

图 68-2 软轭架（水下）系泊系统

图 68-3 内转塔式系泊系统

图 68-4 外转塔式系泊系统

69 油气开发装备大家族中有多少成员？各司何职？

看过了前面的问题和答案，现在再来讨论这个问题就有基础了。让我们从海洋油气开发三个阶段的任务来回顾一下。

➢ 资源勘探阶段：地球物理勘探——物探船；钻井勘探——自升式钻井平台、坐底式钻井平台、半潜式钻井平台、钻井船及其他。

➢ 油田建设阶段：油井建设——自升式钻井平台、坐底式钻井平台、半潜式钻井平台、钻井船及其他；生产设备安装建设——起重船、打桩船、半潜运输船、导管架下水驳、铺管船、水下工程船及其他。

➢ 油气生产阶段：采油采气及油气处理——导管架平台、混凝土重力式平台、半潜生产平台、张力腿平台、立柱式平台、顺应式平台、水下井口及其他；原油储存——储油船、生产储油船、混凝土重力式平台及其他；油气外输——海底油气管道、穿梭油船；维修保养——修井平台、三用拖船、守护船、潜水作业船、生活平台及其他。

现在，来看看图 69–1。读者不妨找找其中画了几种装备？

图 69–1 海上油气开发装备家族

70　我国已经开发建设的海上油田分布在哪些海区？

现在让我们看看我国海底聚宝盆的芝麻开门——海上油气田。

我国的海上油田，开发不过40年，成就相当可观。下一幅海上油田分布图，还不是最新资料，已有几十处，分布在渤海、东海和南海。

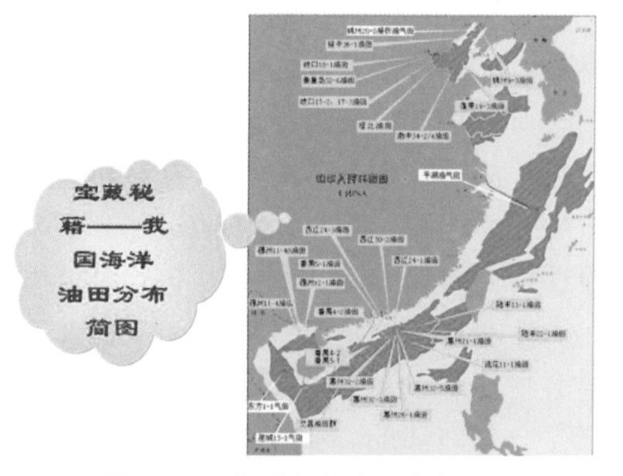

图 70-1　我国海洋油田分布图

渤海：锦州 9-3、锦州 20-2（凝析油气）、绥中 36-1、歧口 17-2、歧口 17-3、歧口 18-1、秦皇岛 32-6、渤中 34-2/4、蓬莱 19-3、埕北。

东海：平湖、春晓。

南海：西江 24-1、西江 24-2、西江 30-2、番禺 4-2、番禺 5-1、涠洲 11-4、惠州 21-1、惠州 26-1、惠州 32-2、惠州 32-3、惠州 32-5、流花 11-1、陆丰 13-1、陆丰 22-1、文昌油田群、东方 1-1（气）、崖城 13-1 等油田。

现在已走出去，在海外也有我国油公司经营的海上油气田了。

我国海上油田有几个特点：一是水深不大，基本上是浅水，现在正在向深海进军；另一个是装备组合以导管架平台采油 + 生产储油船外输形式居多。

图 70-1 中的东海平湖油气田通向岸上的红线是天然气管道。

71　我国海洋油气开发的步伐是怎样的？

我国海洋油气开发始于 20 世纪 70 年代，起初是完全自主开发。改革开放后，引入了合作开发模式，现在是两种模式并行，已具备一定的规模，发展步伐如表 71–1 所示。

表 71–1　我国海洋油气开发规模概览

油气开发方方面面	开发概况一览
海洋油气田分布	渤海、南海浅 / 中海区（300m 以内）、东海、海外 目前已进入千米级深海勘探油气资源。
开发的油公司	中海油、中石油、中石化
原油产量规模	2015 年海上原油产量 10000 万吨，占全国产量的 46.4%
天然气产量规模	2015 年海上天然气产量 250 亿立方米，占全国产量的 27.6%

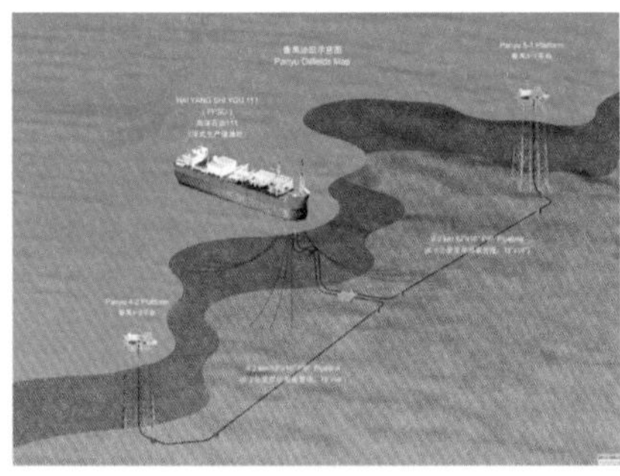

图 71–1　成长中的我国海洋油气业

72 我国第一个按照国际石油市场经营的海上油田是哪一个?

我国第一个按照国际石油市场经营的海上油田是南海北部湾涠洲岛海区的涠10–3油田。

20世纪80年代初，我国海上油气开发已走上国内研发与国际合作两条腿走路的新阶段。1982年成立了中国海洋石油总公司（简称中海油），是从事海洋油气开发的国有企业。中海油与法国道达尔公司合作，勘探南海石油，1982年12月发现涠10–3油田，是我国最早的海上合作油田。1986年8月7日投产，按照国际石油市场经营。1992年5月16日转为自营，与1991年自营建成的涠洲10–3北油田连片生产，形成年产能30万吨，至今已产原油近400万吨。

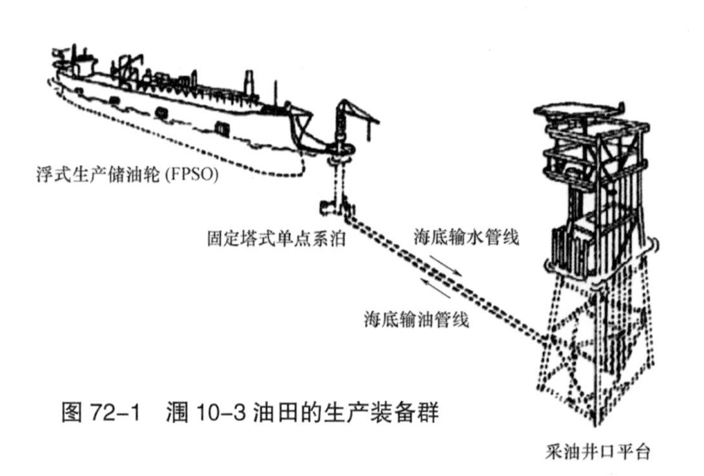

图72–1　涠10–3油田的生产装备群

图72–1描绘了涠10–3油田的生产装备群：右起采油的井口平台、海底输油管线将井流输往固定塔式的单点系泊装置，通过它输往生产储油船“南海希望”号，载重量17万吨。在船上处理好的原油就储存在船上。要出售原油时，穿梭输油船来与生产储油船系泊住，转驳外输。这里编者要问读者一个问题，为什么海底输油管线不将井流直接输往生产储油船，而要通过单点系泊装置转运呢?

由于时间久远，已经找不到油田装备群的照片了，只找到一张1986年该油田的一口油井喷油的现场，见图72–2。照片是从生产储油船上拍摄的，中间的塔狀物疑似单点系泊的固定塔。

图72–2　海上油井喷油现场

73　我国第一个在自营区开发的油气田在什么海区？

是在东海的平湖油气田。这是东海最早开发建设的海上聚宝盆，位于上海东南 450km 的东海海域。自 1999 年一期工程建成，以日供气 120 万 m^3 向上海稳定供气至今。图 73–1 为油气田分布简图（图中下方的 4 个红点为日本试图越线勘探的点）。图 73–2 是油气田装备群布置图，原油中转站位于舟山的岱山岛。该油气田是使用海底管道输出油气产品的海上生产系统。图 73–3 为平湖一期导管架平台。平湖油气田具有以下特点：

图 73–1　媒体报道中日东海权益之争时绘制的东海油气田示意图

(1) 它在自营区内，完全自主开发的油气田。

(2) 它所处位置比较特殊，日本妄称其跨在中线上，一直在提出无理主张。

(3) 采用海底管线直接将油气初级产品输往陆上处理。

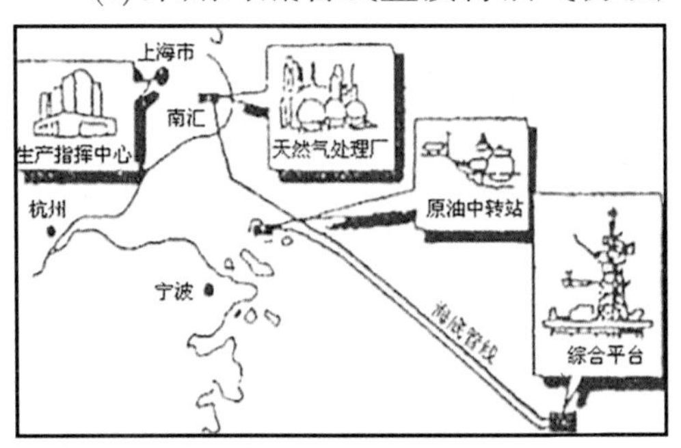

图 73–2　东海油气田装备群布置示意图

海底采出油气，在采油平台初步加工，油气水分离，原油泵入输油管线，输至岱山岛中转站装船外运。天然气泵入输气管线输至南汇天然气处理厂，经陆地管线输至浦东。图 73–4 是东海“春晓”油气田中心导管架生产平台（右）和附近的平湖油气田“天外天”井口平台（左），两座平台之间有联络栈桥（水深约 90 m）。

图 73–3　平湖油气田一期导管架平台

图 73–4　春晓油田导管架生产平台

74 我国最深的海上油田是什么海区的油田?

“流花 11–1”油田是我国海上油田中富有特色的海上明珠，位于香港东南 190km 的海域。我国与多家跨国石油工程公司参与建造。它有几个第一和唯一：

➢ 我国目前最深的海上油田，平均水深 300m。

➢ 我国目前唯一采用浮式的半潜平台作生产平台的油田。

➢ 使用了水下生产系统（水下井口），这在我国也是独一份。

图 74–1 显示了油田装备群：半潜生产平台“南海挑战”号、水下生产系统、生产储油船“南海胜利”号。水下生产系统与生产储油船之间的白粗线是输油线。

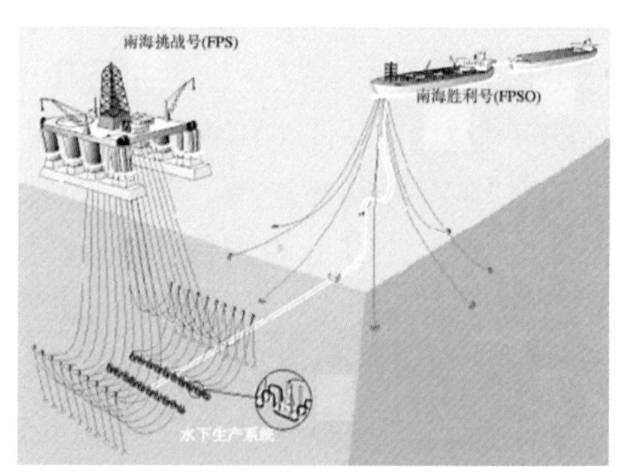

图 74–1 “流花 11–1”油田装备群

图 74–2 为装备配置效果图。细心的读者或许看出，两幅图水下管线走向不完全一样，示意图是工程实际；效果图仅是研究开发时的设想。

图 74–2 “流花 11–1”油田装备配置效果图

“流花 11–1”油田的主要装备：

图 74–3 为半潜生产平台“南海挑战”号；图 74–4 为生产储油船“南海胜利”号，正在作业，注意火炬塔尖上的火焰。

图 74–4 生产储油船“南海胜利”号

图 74–3 浮式半潜生产平台“南海挑战”号

75　2011 年发生漏油的合资油田是哪座油田?

2011 年 6 月 11 日媒体报道了一则重大新闻:“蓬莱 19–3”油田发生溢油事故!一下子吸引了大众的目光，也产生了一些疑问，借此机会介绍一下。

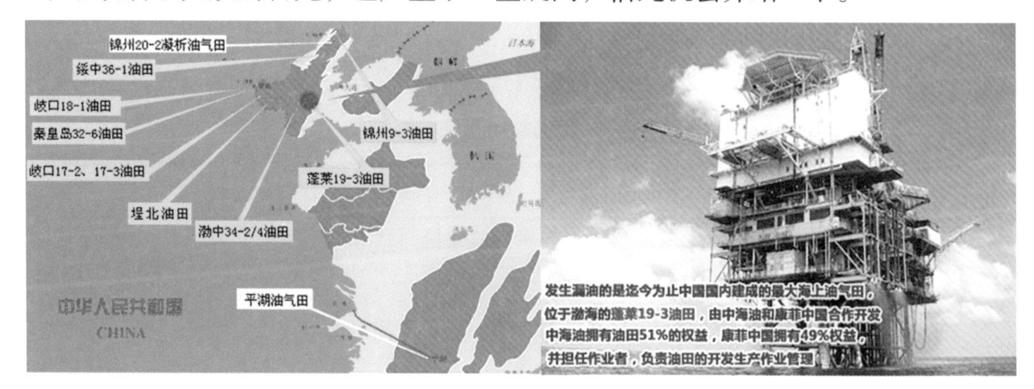

图 75–1　“蓬莱 19–3”油田

“蓬莱 19–3”油田是中海油与美国康菲石油中国公司在渤海海域合作勘探发现的油田。整个油田共 7 座生产平台，一条生产储油船“渤海蓬勃”号以及海底管线等，是我国目前产量最大的油田。图 75–1 左边是“蓬莱 19–3”油田的地理位置，右边是一座该油田的导管架生产平台。图 75–3 是该油田的另一座导管生产平台。

图 75–2　“海洋石油 117”号生产储油船

图 75–2 是生产储油船，又名“海洋石油 117”号，是我国最大的生产储油船，载重量 278500t。

图 75–3　作业中的导管架平台

76　为什么说我国南海是一个油气聚宝盆？

初步探明，我国南海海域油气蕴藏量巨大，是世界海洋油气富集区之一，被称为“第二个波斯湾”。但围绕南海油气的资源、勘探、开发，正在上演着复杂的经济、政治、主权的争议，不单是口水仗，在一些不怀好意的域外发达国家挑唆支持下，有些周边势力已经开始明火执仗公然抢夺了，相关内容见表 76–1。

表 76–1　我国南海油气资源概况

相关内容	简要描述
石油天然气储量	简要的描述油当量地质储量为 230 亿～ 300 亿吨 t，占我国总资源量的 1/3，其中 70% 蕴藏于 153.7km^2 的深水区
我国勘探进度	仅对南海浅海区（水深小于 500）进行过勘探，占南海海域面积 10%，深水平台 981 投产后开始对 1000 米外的深海进行勘探。
南海油田	已经开发的南海最大水深的油田是南海东部的流花 11–1，水深 330m，自主开发的油田水深到 200m。
深海开发	目前未能较大规模进入深海开发。主要的原因是没有足够的深海钻井、生产的装备。现在深海装备正在加速制造，全面深海开发指日可待。
环境复杂	南海周边国家（如菲律宾、马来西亚、泰国、印度尼西亚、越南及文莱等），纷纷引入外国公司，进入南海深水区开发，争夺油气资源，每年抢走 4000 万 t 石油和 380 亿 m^3 天然气。

我们在南海深水油气开发进展较慢，除了缺乏深海开发装备外，形势复杂也影响开发的进行。“海洋石油 981”号深水半潜式钻井平台在南海作业受到越南干扰即为一例。我国主张的南海九段线（图 76–1）还未有效管理。南海岛礁被侵占很严峻。开发南海油气资源任重道远！

周围国家在干扰我国在自己海域勘探油气，他们请外国（欧美）油公司在我国主权海区内勘探和建平台采油，而这些欧美油公司明知侵犯了我国主权，却心怀鬼胎地助纣为虐。为此，我们则针锋相对地提出并落实措施，公布南海勘探招标的区块。

图 76–1　媒体报道中海油招标时绘制的南海油气海域位置

77 我国海洋油气开发装备大家族现状如何？

我国海洋油气开发装备大家族发展过程简要归纳如同表 77–1 所示。

表 77–1 我国海洋油气开发装备历程

海洋油气开发装备	研发情况
研发历史	始于 20 世纪 60 年代
研发模式的发展	创始时期的自力更生，改革开发后的合作开发、引进技术再创新等多种有效的模式。
研发建造的装备群	自升式平台、半潜式平台、坐底式平台、导管架固定平台、生产储油轮、各种模块、大型辅助工程船等
研发装备的水平	设计建造水平与国际先进水平尚有不小的差距。深水装备开发起步不久，正在向自主知识产权的装备研发进军。
发展展望	近十年来国家加快振兴制造业，，发布《中国制造 2025》规划，均将海洋开发装备列入。海洋开发装备正得到显著发展。

图 77–1 我国已建成的几座海洋开发装备

78　近年来我国在海洋油气开发装备的研制上取得了哪些重大成果?

近 10 年来，海洋开发装备的研发在国家大力扶持下，有了大跨步地发展。具有国际先进技术水平的第六代 3000m，深水半潜钻井平台（图 78-1，中海油）、第五代深水半潜钻井平台（图 78-2，挪威用户的 BINGO-9000 型）、400ft 自升式钻井平台（图 78-3 所示的中油海及外国用户 JU-2000 型）相继建成。后续装备也在研制中。

图 78-1　第六代深水半潜式钻井平台

国内建造的深水（1500m）半潜式钻井平台和半潜式生活平台（多艘，中海油服公司所有），出租给挪威，用于北海深海油田，如图 78-4 所示。

我国已建成多艘具有完全知识产权的新型钻井船，作业水深 1500m，采用的多点锚泊定位系统是这项技术的最先进水平，如图 78-5。还为国外船东建造最先进的第六代动力定位 3500m 作业水深的钻井船，如图 78-6。

图 78-3　JU-2000 型钻井平台

图 78-2　BINGO-9000 型钻井平台

图 78–4
半潜式钻井平台
和半潜式生活平台

图 78–5　采用多点锚泊定位系统的新型钻井船

图 78–6　第六代动力定位的新型钻井船

79 我国第一座海洋油气开发装备是什么平台?

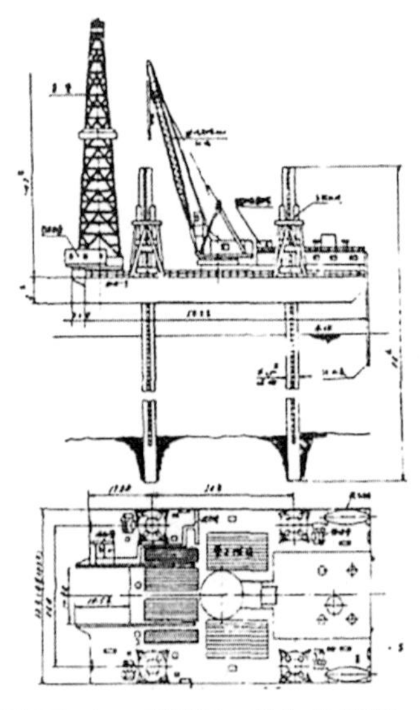

图 79–1 “渤海一号”设计图

我国第一座海洋油气开发装备是“渤海一号”自升式钻井平台。

“渤海一号”设计始于 1966 年，1972 年建成，是完完全全的原始创新成果。平台主要用于渤海湾内 30m 水深处钻探石油. 各项技术指标均达到设计要求，解决了桩脚组装工艺等难度大的技术关键。

在以后六年多的岁月里“渤海一号”在渤海湾海上完成了 30 多口钻井，经受过 10 级左右的大风浪和唐山地震的严峻考验。它的特殊关键设备系统，桩腿和升船机构均是自行研发，桩腿直径 2.5m，长 73m。液压油缸推动升船。

目前“渤海一号”已功成身退，结束了艰难而光荣的历史。

图 79–2 “渤海一号”侧视，中间圆柱为钻杆

图 79–3 “渤海一号”正视图

80 我国第一座浮式钻井装备是哪一座？

图 80–1 “勘探一号”双船体钻探船

我国第一座浮式钻井装备是双船体钻探船“勘探一号”。这是我国自行设计建造的浮式钻井船的一次大胆实践，1970 年用两艘 3000t 级货轮，改装设计建造的一艘双船体钻探船。1972 年建成命名“勘探一号”，1974 年 5 月出海试钻。历经 6 年在南黄海打了 7 口油井，总进尺 15000 m，最大井深 2413 m。因受建造时的技术水平和工艺设备的限制，使该船存在着先天不足又无法改进的缺陷，由于当时国内没有宽船坞，“勘探一号”无法进坞修理，不能维修保养，就无法继续在海上施工，经上级批准，1993 年退役。

我们应该充分肯定“勘探一号”的历史作用。正是有了她的实践，使我们对海上钻井船（浮式钻井装备）有了初步但又比较全面的了解，结合后来对国外资料的研究，为我国自行设计、建造新的浮式钻井装备，如“勘探三号”半潜式钻井平台打下了基础。

81　我国第一座半潜式装备是哪一个平台？

我国第一座半潜式装备我国自行开发设计建造的“勘探三号”半潜式钻井平台。

1974 年开始研制，由于种种原因，1984 年建成投产。研制起步时与国际先进水平差距并不远；经部分系统改进设计、改建，性能提高后，仍然活跃在海洋石油勘探的第一线。工作水深 35 ~ 200m，采用多点锚泊定位。钻井深度 6000 m。建成时已是改革开发的环境，经过努力适应，这座平台取得了美国船级社的证书，与国际规则接轨。经过部分改造的“勘探三号”仍然在役。

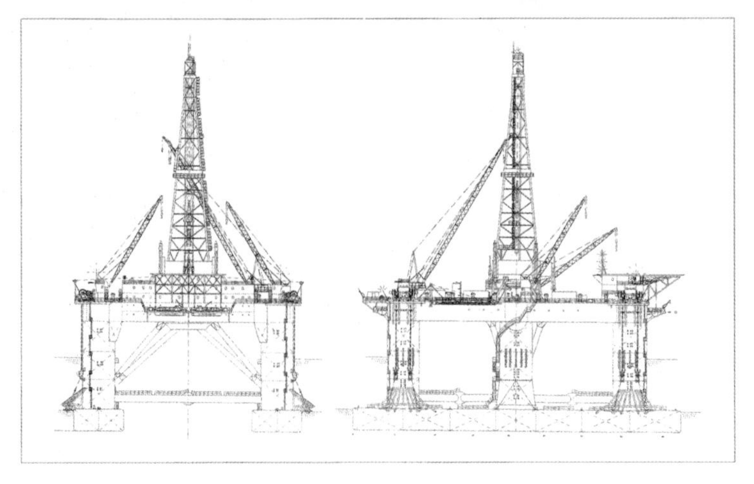

图 81-1
“勘探三号”
半潜式钻井平台

82 坐底式钻井平台在我国有什么样的发展?

坐底式平台是最早出现的移动式平台，用于浅水区域，其主要结构由下沉垫、中间支撑和上平台组成 。坐底式平台为非自航平台，迁移时由沉垫提供浮力。由拖船拖带移位，到达作业位置后，沉垫内注水下沉，坐在海底上。上平台露出水面以上一定的高度。我国渤海沿岸的胜利、大港、辽河等陆上油田向海中延伸的浅海（又称为大陆架），潮水大而海底坡度小（比较平坦），很适合坐底式平台大展身手，因此这些油田，主要是胜利油田大力支持开发国内坐底式平台，成果可观，“胜利三号”是其中的佼佼者，见图 82-1，1991 年建成投产。

图 82-1 “胜利三号”坐底式钻井平台

2007 年，新一代的更大更强的坐底式平台“中油海 3”号已在渤海湾投产，见图 82-2。

坐底式平台与自升式平台、半潜式平台等都称作移动式平台（装置），其实就是能够移动到其他海区的平台，导管架平台是不能移动的。自升式平台作业时下桩升平台；坐底式平台作业时下沉到海底（所谓“坐底”），成为固定状态，半潜式和钻井船作业时虽然定位，却是有漂移的浮式状态。

图 82-2 “中油海 3”号坐底式钻井平台

83 我国在极浅海区钻井作业上首次采用了什么装备?

采用了特殊设计的自升式平台在潮间带滩涂的“极浅海”的钻井作业。就是“港海一号”极浅海自升式平台，它是我国开发潮间带滩涂海区油气资源的一项有效的装备。所谓 “潮间带滩涂” 就是潮水来了是浅海，潮水退了是海滩。这种海区用重装备钻井是一个难题，我们 1998 年完成研制的极浅海自升式平台为此提供了一个解决方案。“港海一号” 工作水深 0 ~ 2.5 m，见图 83–1，为应对涨潮，平台可升离海底 11.3 m。

图 83–1 “港海一号”极浅海自升式钻井平台

我国的自升式平台自从“港海一号”问世以来，有了长足的进步，浅海长方体 4 柱型桩腿的自升式平台开发设计与制造技术已经成熟，新世纪伊始就批量生产了。其时国内海洋油气开发逐步走向深海，以中海油为主力军，大力配置高技术的深海装备，包括自行研制与多种模式的合作。而陆上油气开发的企业也纷纷“下海“，从沿海大陆架开始钻井采油，因此适合浅海油气开发的自升式、坐底式平台有了需求。国内既然已经具备设计制造能力和技术储备，所以浅海自升式平台的成果就如同雨后春笋般涌现，见图 83–2。

图 83–2 几座国产的浅海自升式钻井平台

84 我国第一次按照国际通行模式建造的导管架及模块是哪个油田的装备？

我国第一次按照国际通用模式建造的导管架及模块是埕北油田的装备。埕北油田位于渤海西部，是我国对外合作开发的第一个油田，也是在我国海域内第一座按国际技术规范、标准设计建造的现代化海上油田。1985 年出油，1987 年作业转交我国，至今仍在产油。作为近岸浅海（16 m）油田，其生产装备是导管架固定平台，A、B 两区各有一座生产平台和生活平台，海底管道外输，陆上装备油气处理。

图 84–1　埕北油田的生产 / 生活模块

我们知道，导管架固定平台主要由两个部件组成：一个是插入海底站立水面并支持平台建筑的导管架，另一个则是平台主体，海上采油生产的工厂。平台主体按功能（用途）以模块形式分类，如生产（采油）模块、生活模块。图 84–1 的中、右分别是 A 区导管架平台的生活模块和生产模块，左边是一座自升式平台，临时来执行任务。前面已经介绍导管架的运输就位和固定过程，它固定于海底后，模块是在海上吊装的，海上风大浪急，吊装非常困难，要尽量减少吊装次数，所以模块都是整体吊装。设计要求浪不能打到模块上，保障生产和人员的安全。但是不要以为模块就是钢结构的建筑，不难开发，其实海上建筑比陆地建筑环境恶劣得多，例如，整体吊装造成钢结构的强度刚度问题（读者只要知道就行，有兴趣的可以看看结构力学）是陆地钢结构不会遭遇的。此后我国设计建造了数以百计的导管架平台（图 84–2 所示为部分导管架平台），为国家采出的油气已是相当可观。

图 84–2　部分国内建造的导管架平台

85　我国第一套按国际标准规则设计建造的浮式生产储油船用于哪个油田？

浮式生产储油装置 FPSO，一般称为生产储油船。“渤海友谊”号是我国第一艘自行设计建造的生产储油船，载重量 52000t。用于渤海的渤中 28–1（BZ28–1）油田，作业水深 23.4m，见图 85–1。这种浮式油气处理、储存、外输的装备是采油生产的重要环节，是我国浅海油田的主流装备型式。从 1989 年建成的“渤海友谊”号开始，我国已新建 10 多艘 FPSO，如“渤海长青”、“渤海明珠”、“渤海世纪”、“南海奋进”、“海洋石油 111 ~ 113”、“海洋石油 115 ~ 118”等。FPSO 最大的特点是被系住的漂浮状态，好像是一头被绳子拴住的羊，绳子的另一端系在一个柱子或栏杆上。羊可以在一个圆圈中走动吃草，却不能离开。系住 FPSO 的设备叫做单点系泊，它用几种办法固定在海底，最简单的是用 6 根锚链拉住。系船的“绳子”有真的粗缆绳（图 85–2），也有硬“绳子”称为轭架的部件（图 85–3）。

图 85–1　“渤海友谊”号浮式生产储油船

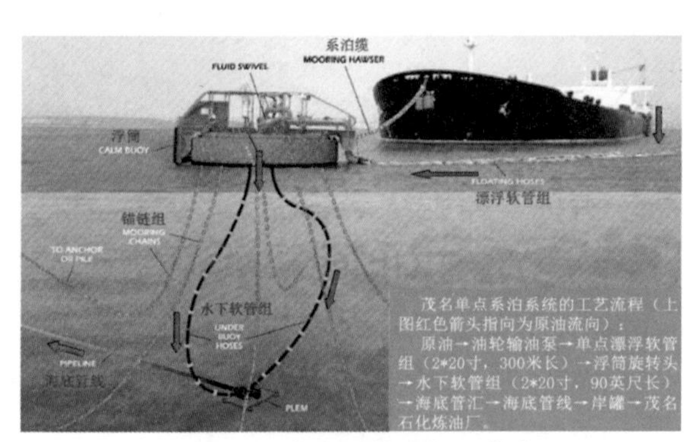

图 85–2　茂名港输油船及单点

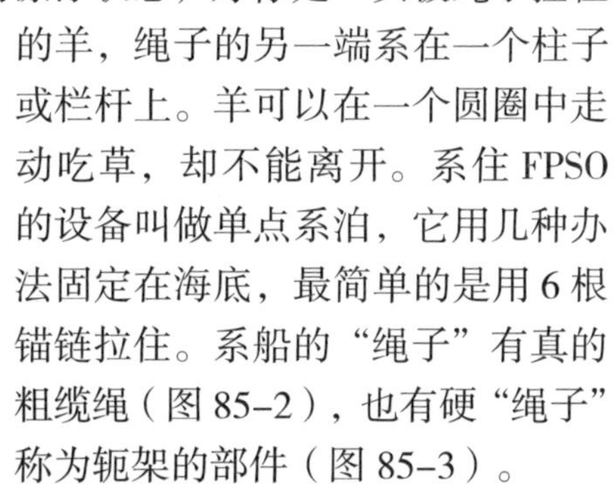

我国的 FPSO 都是采用轭架系住油船。船系在单点上呈漂浮状态，却漂不出一个圆圈。船与输油管线连接，船底荡下几根管子，油管采用软管，随船漂荡，但不影响油田的采油作业。图 85–2 是茂名港输油船及单点，船上不设油气处理设备。图 85–3 是“海洋石油 113”及单点，它的系船轭架在水下，图中荡下来的是输油管线。

图 85–3　“海洋石油 113”号及单点

86 我国建造水深最大的自升式平台是哪一座?

对于自升式平台，目前它的工作水深能达到 160m 左右，60m 以内的长方体平台、柱型桩腿的自升式平台算浅水型外，工作水深 60 ~ 160m、三角方体平台、桁架型桩腿的自升式平台就称为深水型。国际上已发展成系列化产品，分成 300ft、400ft 等。

我国与外国公司合作设计、国内建造的“中油海 16”号等自升式平台（2014 年建成），是一种国际上比较先进的 JU–2000 型产品，如图 86–1 所示。

图 86–1 “中油海 16”号自升式钻井平台

自升式平台的水深能力主要是受桩腿长度的限制(同样,导管架平台的水深能力,主要受制于导管架结构件的高度)。为什么呢?

图 86–2 “中油海 16”（升起状态）及其姐妹平台“中油海 17”

简单地说，桩腿受力很复杂也很大，必须要有足够的强度（不坏）和刚度（不失稳，即不会坍塌），而这需要桩腿钢结构有必要的断面尺寸，而断面尺寸一大，桩腿的自重也大。如果水深到了某一数值（也即桩腿长度到了相应的数值），所需断面尺寸的桩腿重量也会到一个数值，以致平台总的布置无法安排，这个平台就设计不出来了。

照目前材料、设备的技术水平和经济上的综合考虑 160m 左右的工作水深就是自升式平台的最大工程可行方案。要想更深，必须要有概念上的创新，这就是半固定式的所谓顺应式的拉索塔平台、张力腿平台、立柱式平台产生的基础。图 86–2 是” 中油海 16”及其姐妹平台”中油海 17”。

87 我国自行设计建造的深水钻井船采用了什么先进设备系统？

“老虎一号”是我国第一艘拥有自主知识产权的深海钻井船，国内开发设计建造，2014 年建成。按投资方的计划，2017 年前将再建 3 艘。“老虎一号”作业水深 1500m，该型钻井船填补了我国在这个领域的空白。

一般海钻井船都是采用动力定位来进行钻井等作业，前面已介绍动力定位是在船 / 平台上装设多个推力器，作业时开动它们产生推力，抵消风浪流对船 / 平台的作用。消耗能源很多，系统操控复杂，时有故障发生。动力定位系统有级别区分，有所谓冗余要求（系统和零部件有备份），就是怕故障影响系统的工作。“老虎一号”采用多点锚泊定位系统，是一种基本上不消耗能源的系统，仅布置和调节时开动锚绞车。这种系统以前作业水深较浅，如“勘探三号”半潜平台多点锚泊定位水深为 200m。现在经技术创新已经提高到 1500m。多点锚泊定位系统就是在船 / 平台的四面八方都抛锚，船 / 平台受风浪流作用朝任何方向漂移都有一、二根锚索拉住，跑不远，达到定位目的。

图 87–1 “老虎一号”的定位锚

特别介绍一下，海洋装备的定位锚是称为大抓力锚的特殊锚，图 87–1 是“老虎一号”8 个定位锚中的 4 个，与普通船锚有很大的区别。

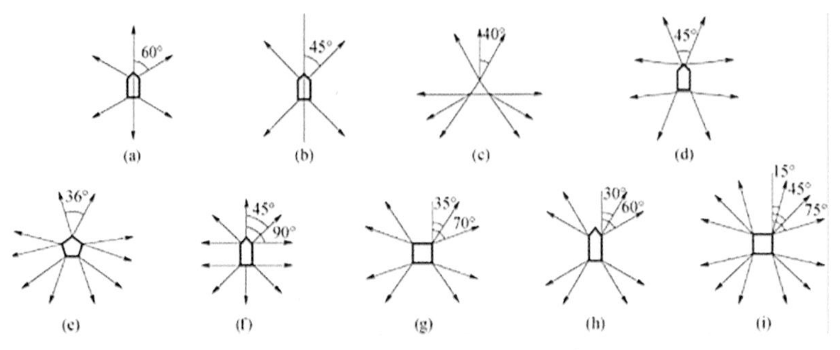

图 87–2 多点锚泊定位布置示意图

图 87–2 是多点锚泊定位的布置示意图，箭头表示锚。

88　为什么说我国深海油气开发的主力军是“海洋石油981”3000m深水半潜式钻井平台？

2011年我国第六代深水半潜式钻井平台“海洋石油981”号建成交船。2012年5月9日，在南海海域正式开钻，这是我国油公司首次独立进行的深水油气勘探，标志着我国海洋石油工业的深水战略迈出了实质性的步伐。2014年8月30日，“海洋石油981”号在南海北部的深水区“陵水17-2-1”井测试获得高产油气流。据测算，“陵水17-2”为大型气田，是中国海域自营深水勘探的第一个重大油气发现。这座平台美国设计公司做基本设计，国内设计单位做详细设计，国内造船厂建造，中海油拥有自主知识产权，由中海油服务公司承租并运营管理。

“海洋石油981”号代表了海洋石油钻井平台的一流水平，最大作业水深3000 m，最大钻井深度10000m。设计能力可抵御200年一遇的超强台风，首次采用最先进的本质安全型水下防喷器系统，有自航能力，配备最先进的动力定位和1500m水深锚泊定位系统。它的建成开钻，彻底改变了我国在南海深水区域已有重大的油气发现，但受深水钻井装备的限制，开发进展缓慢的局面。现在其姐妹船“海洋石油982”已经开建。图88-1为平台拖航及钻出气流轭现场。图88-2显示了“海洋石油981”号平台月池俯视，月池是平台通海的开孔，钻井设备从此处下海作业。

图88-1　“海洋石油981”号钻井平台拖航与开钻的现场

图88-2　“海洋石油981”号的月池

89　我国已经拥有深海油气开发的装备系统有哪些平台和特种船舶？

深水半潜式钻井平台“海洋石油981”号建成交船，姊妹装备“海洋石油982”正在研制；自2011年起，中海油服公司已陆续建成“先锋”号、“进取”号、“创新”号、“兴旺”号等4座先进的深水半潜式钻井平台，3座已赴北海海域，为挪威国家石油公司提供深水钻井服务。国内建造的深水3000m铺管船、自行设计建造的新型300m浅水铺管船。加上新研制的起重量为4000t、3000t，科研课题开发的2 × 8000t超大型起重船或起重打捞船，均配置深水铺管系统，因此我国油气开发的铺设海底油气管道的装备已经准备妥当，图89–2为铺管船“海洋石油201”与“海洋石油202”。我国已设计建造的3000m水深水下多功能工程船，具备深水吊装、铺管、锚系施工、水下机器人支持、饱和潜水支持的强大能力，如图89–3，具有世界先进水平。

图89–1　我国建造的深水半潜式钻井平台

近年建成了300m氦氧饱和潜水支持母船，如图89–4。这艘船具备最先进的潜水作业技术。

图89–2　我国建造的铺管船与起重打捞船

图89–3　3000m水深多功能工程船

图89–4　300m氦氧饱和潜水支持母船

90　我国已经具备研制深海油气开发装备能力体现在哪里？

图 90-1　我国海洋开发正在走向深海

我国已研制了深水半潜式钻井平台、深水钻井船、深水铺管船以及深水多功能水下工程船等先进海洋油气开发装备，使我国拥有整套深海油气开发的强大利器，能向深海进军了！

我国已经建立起完整的海洋油气开发体系，要人有人，要管理有管理，要企业有企业，要装备有装备，要技术有技术，要经验有经验，要投资有投资，万事俱备，只等一声号令，就可开进深海勘探 开采石油宝藏！

我国已在浅海、300m 中深度海域勘探开采石油的经历，积累了资料和技术储备，包括深海油气开发使用的水下井口、半潜式生产平台、生产储油船等的装备设计制造使用技术和经验，为深海油气开发奠定了比较坚实的基础。

我国海洋油气开发的领头企业中海油通过建造深水装备，出租到海外深海使用积累经验，目前已具备从浅水到深水提供全方位的勘探、开发和生产服务能力，旗下运营的 7 座深水半潜式钻井平台，形成了 750m、1500m 和 3000m 完整的深水梯队作业能力。

91　我国高校的海洋工程相关专业是怎样的情况？

读者们浏览过海洋油气开发的 90 个什么、为什么、怎么及其解释之后，对这个领域内的困难、神秘、复杂，以及人们征服的步伐，是否有所感悟和触动？自然是无穷的，人类征服自然为其服务也是无穷的。现今自然科学三大前沿战场当属空间、海洋和生命，海洋油气开发装备作为海洋科学的一个分支，已经历几代人以洪荒之力开拓，只能说是初具成就和规模，更加雄伟的事业正待后来者大展身手。读者如果从这本科普小册子能对海洋油气开发产生兴趣，进而有意从事这项极富挑战性的行业，那就是笔者最大的欣慰。热烈期盼有至于斯的青年学子，先关注设置海洋工程专业的高等院校，将来以优异的成绩报考。

由于专业相近和研发历史的原因，海洋油气开发装备基本上是造船行业研发、建造的，相应地海洋工程研究、人才培养也是由造船院校衍生发展并联成一体的。我国已有多所高等院校设有海洋工程专业，除了海洋、航海、石油院校之外，大多数是造船院校，读者耳熟能详的有；上海交通大学、哈尔滨工程大学、海军工程大学、天津大学、华中科技大学、同济大学、西北工业大学、大连理工大学、江苏科技大学、大连海事大学、中国海洋大学、中国石油大学 (华东) 、浙江大学、武汉理工大学等。限于篇幅，难以详细介绍，仅以我国造船学系历史最悠久的上海交通大学为例作一简略的介绍。

图 91–1　上海交通大学

上海交通大学船舶海洋与建筑工程学院：下设船舶与海洋工程系、工程力学系、土木工程系、建筑学系、国际航运系，涵盖了 5 个一级学科。目前有 5 个本科专业、5 个一级学科硕士点和 5 个工程硕士点，具有船舶与海洋工程、力学、土木工程 3 个一级学科博士学位授予权，建有船舶与海洋工程、力学、土木工程 3 个博士后流动站；拥有船舶与海洋工程、工程力学 2 个国家一级重点学科以及流体力学、岩土工程 2 个上海市重点学科。

基地建设方面，船建学院拥有海洋工程国家重点实验室和水动力学教育部重点实验室，国家级深海工程大型仪器中心、水动力学教育部重点实验室（B 类）

图 91-2 上海交通大学船舶海洋与建筑工程学院大楼远眺

等高水平的研究机构。因一直重视科学研究工作，多年来承担国家“973 计划”、“863”计划、国家自然科学基金、科技支撑项目和国防军工等重大和重点课题，并和来自各行各业企事业进行大量的科研合作及项目开发。上海交通大学船舶与海洋工程系成立于 1943 年，拥有悠久辉煌的历史。作为高等教育和科研的策源地，先后培养了第一艘万吨轮总师、第一艘核潜艇总师、第一艘航空母舰总师、第一艘 7000 米载人潜水器总师、第一艘 3500 米无人遥控潜水器总师等大批技术专家。在科研方面获得丰硕的成果，产生了一批国内外瞩目的科研成果。1979 年至今，船建学院教师共获得各类国家级科技奖励 40 项，省部级科技奖励 81 项。所得研究成果覆盖了船海工程、力学、土木、建筑和国际航运等相关领域关键性技术的各个方面，包括：突破了 3000 米深水装备的关键技术；发展了以海洋油气为代表的海洋矿产资源开发海洋工程重大装备，包括船舶、平台、潜水器等；开展了全生命周期的基础理论、关键技术和新概念研究，其范围涵盖从海面到海底的整个海洋空间；解决了跨介质过程通气减载关键技术，为国防重大装备项目做出了不可替代的贡献；发展了不同尺度近岸波浪传播数学模型，为近岸资源开发，环境保护以及海啸预警提供了基础水动力学分析手段；开展了大变形柔性多体系统刚－柔耦合动力学理论研究和接触碰撞动力学研究，解决了航天器开展和碰撞动力学关键问题。

上海交通大学的船舶与海洋工程专业，全国排名一直位居第一，学科最全、实力最强：拥有船舶与海洋工程国家一级重点学科，1981 年船舶设计制造、船舶流体力学、船舶结构力学均首批获得国家博士学位授予权，1985 年首批获批海洋工程国家重点实验室，1988 年船舶流体力学、船舶结构力学被评为首批国家重点学科，2006 年获批船舶与海洋工程国家实验室，2007 年被评为首批国家一级重点学科，2008 年获批中组部首批海外高层次人才创新创业基地。覆盖船舶与海洋结构物设计制造、轮机工程、水声工程三个二级学科，形成了船舶与海洋工程重大力学问题、新船型开发设计与现代造船技术、海洋工程装备关键技术、水下作业探测技术与装备、先进实验技术五个优势学科方向，并致力于海洋可再生能源、绿色船舶等新兴领域的探索创新。世界上功能最全、最先进的船舶与海洋工程实验研究基地汇集在此。拥有全球名列前茅、功能完备、配套齐全的重大试验设施群体，居全球高校之首。已建成我国首座世界最深的海洋深水试验池，可对4000m水深的大型海洋结构物进行复杂海洋环境下的综合性能研究，其装备与功能居世界前列；同时拥有海洋工程水池、拖曳水池、内波分层流水槽、操纵PMM装置、结构加载装置、立管疲劳试验装置、液舱晃荡装置等试验设施；在建国内最宽最深的多功能船模拖曳水池、风洞循环水槽、空泡水筒、水下工程水池、国内首座海洋深水试验池（2008）水声水池等国际一流设施即将竣工；构建了与国际一流水平同步发展的船舶与海洋工程试验技术体系。此外，大师云集，高端人才汇聚，师资力量最强。高度重视产学研结合和国际合作交流，除学校的海外游学计划外，与中国海洋石油总公司共建“深水工程技术研究中心”、与国家海事局共建“海事事故调查联合实验室”、与日本千叶大学共建“海洋仿生力学联合研究中心”、与英国NCL大学开展2+2双学位培养等，通过丰富的国际化合作设计项目培养学生的国际视野和国际合作能力。秉承交大“起点高、基础厚、要求严、重实践、求创新”的优良传统，注重能力建设、知识探究和人格养成三位一体的人才培养，不断为行业输送具有国际竞争能力的高端人才。学生深受行业欢迎，在国内外船舶与海洋工程领域发挥重大作用，毕业生的杰出表现与卓越成就产生了日益广泛和深远的全球影响力。船舶与海洋工程系研究方向：新船型与新概念海洋工程结构物研发设计；海洋工程技术与装备研发、数字化造船等先进造船技术研究；流体力学与结构力学等船舶与海洋工程基础理论；船舶与海洋工程先进试验；海洋资源开发水下技术与装备；水声探测与对抗；船舶内燃机性能；船舶动力装置及自动化等方向。

图 91-3　国内首座海洋深水试验池

后 记

留给读者的问题：展望明天的海洋油气开发装备

前面的问题，讨论的都是海洋油气开发装备的昨天、今天。喜欢钻研的读者一定会问：那么明天呢？某个议题，谈到明天，一般的套话就是发展趋势或展望未来。这个问题很大、很深，也很玄，行业界、研究院所和相关的院校，不少专家、教授，一直在提出各种各样的海洋油气开发装备的“新概念”，有一些经过

图 A–1　复杂的水下生产系统

若干年的深化、试验、设计之后，进入了工程阶段，成为装备大家族的新生力量。相信读者们都是思绪敏捷、富于开发的“准创客”，大家不妨也大胆地、展开充满活力地奇思妙想，让充满幻想的翅膀飞向海洋开发的未来世界！寻找开启目前海洋油气开发中重重难关的金钥匙。

➢ 超深海（大于4000m或更深）油气开发装备的未来。从现在看来难关真不少。

●水面装备的定位。目前只能想到动力定位，这可是个“烧钱”的家伙！大

家打开脑洞，想想还有什么好主意吗？

●超深海油田的油井怎么办？井口如果装在平台上，这么长，水中 5000 ~ 6000 m，海底 10000 m，风险好大呵！海底水下井口是个好主意，但是“湿井”（大家没有忘记吧！）问题多。现在已经有一些水下密封罩里的“干井”，是不是方向？将会怎样的改进和发展？

现在的水下生产系统是这样的，其中几个是水下油井口。可是它非常复杂呵！看看图 A-1。安装维修都很困难。而且深水只能由深潜器、ROV 来干，人在水面平台上遥控，它们能干好吗？所以要水下密封罩里的“干井”，用金属封闭罩保护井口，罩内保持一个大气压，维修人员可乘潜水器进入罩内检修，现在罩内只能容纳 2 ~ 3 人。干式采油树的最大优点是操作人员可以近距离观察并控制其采油作业，其不足是存在人身危险。这就是我们要发展的方向之一。再看看提出的科研项目水下空间站方案。这个重大专项，其目的之一是在民用上满足长周期、高效率开发深海资源的需求。是不是受到某种启发？

图 A-2 水下空间站方案

●油井建设中最耗时最费钱的活是先给油井管装套管，有没有革命性的创意？例如用什么创新材料、创新工艺，在现场现做套管！

图 A-3 可燃冰

➢ 可燃冰的勘察与开发已提上议事日程，也已经有实验性的装备在探索。什么是可燃冰，它是天然气的水合物，这种大有前途的能源储备可不好弄，可燃冰的矿物是固态的，采集时弄得不好就变成易燃的气态。这里面的难关可多着呢！图 A-4 是人们现在想的开采办法。

➢ 海底地层下有油气资源储藏，人们已费尽心思把它们开采出来了。但是，

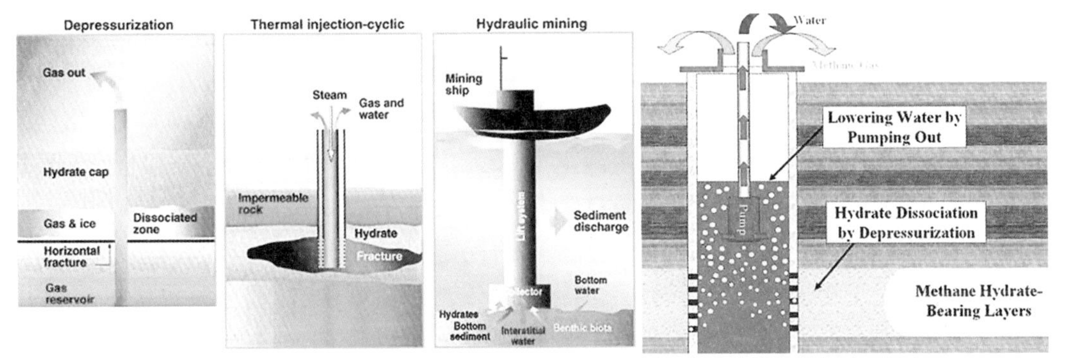

图 A–4　开采可燃冰设想的方案

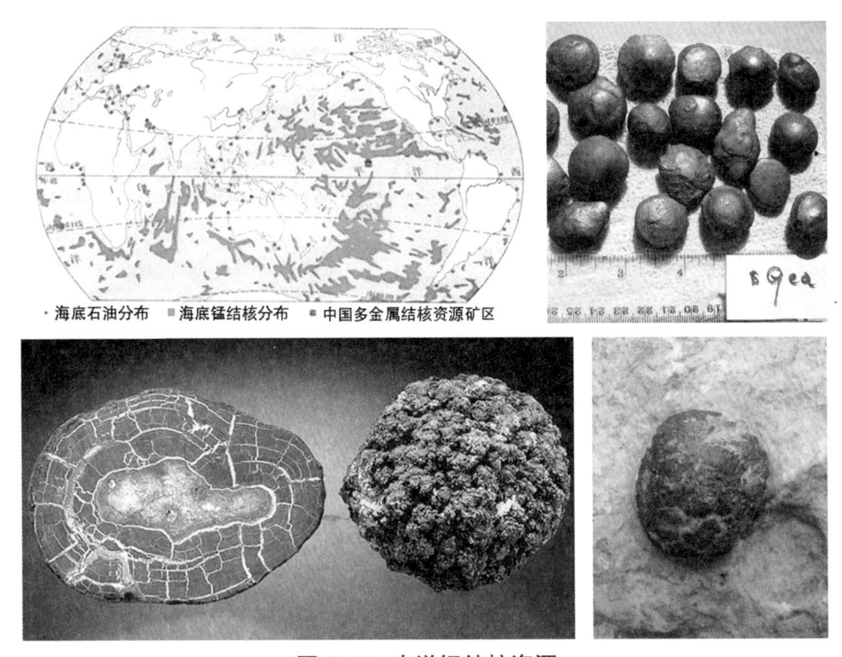

图 A–5　大洋锰结核资源

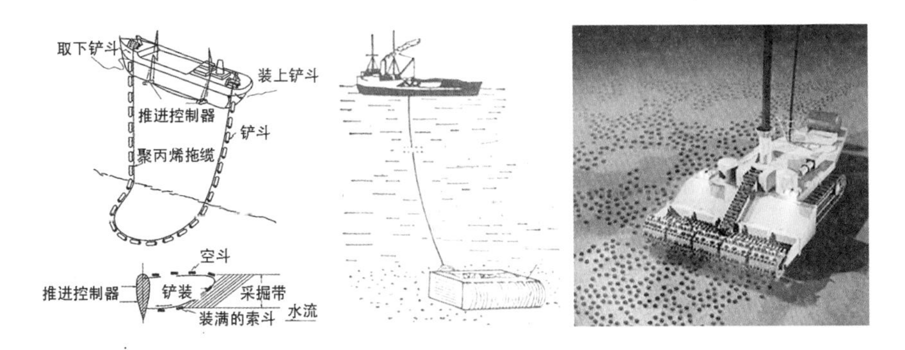

图 A–6
大洋锰结核的
开采装备构想

海床上还有一种宝物，金属结核，大家听说过吗？它们储量丰富，含金属成分高。人们早已发现了，但是怎么采集，却到现在还没有一个行得通的办法，奇怪吧！关键的难关是：因为金属结核是固体，怎么去采集？几千米深的海床上，只有实验性的深潜器能到达活动。如果用深潜器来采集，那么采出来的金属结核要比黄金贵上几百倍！油气可以用管子吸，结核能用大管子吸吗？目前是做不到也吸不上来。现在人们想到的采集办法都是古老的挖掘机、挖泥船的办法，能在多深的海上采集？几百米吧！那么浅的海洋中有金属结核吗？只能是纸上谈兵呀！

读者创客们，抛开固有的理念，发扬奇思妙想的精神，神游未来世界。没有做不到的，只有想不到的！今后海床上、海底下的资源开发，就是你们演绎聪明才智的广阔平台！